En vente aux Bureaux de l'AVICULTEUR, 4, Place du Théâtre-Français.
PARIS

# DRESSAGE

DU

# CHIEN D'ARRÊT

TYPOGRAPHIE FIRMIN-DIDOT ET Cie. — MESNIL (EURE)

VOITELLIER

# DRESSAGE

DU

# CHIEN D'ARRÊT

SUIVI D'UNE NOTICE

SUR L'ÉLEVAGE DES FAISANDEAUX

ET DES PERDREAUX



EN VENTE

AUX BUREAUX DE L'AVICULTEUR

4, place du Théâtre-Français, 4

PARIS

1894

# LE DRESSAGE

## DU

# CHIEN D'ARRÊT

Pour avoir été souvent traitée, et sous bien des formes différentes, la question du dressage des chiens n'en est pas moins encore pendante, et il n'est pas un seul système qui ait rallié tous les suffrages.

Nous n'avons pas la prétention de trouver le principe indiscutable qui devra servir de règle à tous les chasseurs; nous avons cependant la conviction que nos conseils, basés sur une longue expérience, peuvent avoir une valeur pratique.

Il sera du reste impossible de jamais rien écrire de définitif, et qui plaise à chacun, car le dressage est une affaire de tempérament, et telle méthode qui convient aux uns peut n'être nullement du goût des autres.

Les uns recommandent la douceur, les autres tiennent pour la rigueur, quelques-uns vont même jusqu'à la violence.

Il ne peut y avoir, selon nous, aucun principe absolu : tout dépend du caractère du chien que l'on soumet au dressage. Chaque animal a son caractère, ses aptitudes, ses facultés nettement définis; c'est à l'homme qui se suppose plus intelligent (c'est parfois une simple supposition) à avoir assez de tact pour reconnaître ce qu'il peut obtenir de l'animal et par quels moyens, en rapport avec son organisation morale et physique, il peut l'amener à la soumission. On naît bon dresseur, on le devient difficilement. L'expérience arrive rarement à remplacer l'intuition, l'esprit de suite et le tact, qui sont les qualités indispensables pour le dressage.

Si après deux ou trois essais sur des sujets différents vous n'êtes pas parvenu à en dompter un complètement, à obtenir de lui tout ce que vous lui demandiez, n'insistez pas, — vous n'avez pas les qualités nécessaires.

Et cela n'ôte rien à vos mérites, car on peut

être un homme d'une haute valeur et faire un détestable dresseur.

Des trois modes préconisés par les différents auteurs, douceur, fermeté, violence, nous n'adopterons aucun de préférence; tous sont applicables, suivant l'âge et le tempérament des animaux; cependant, dans la plupart des cas, il convient d'agir avec fermeté; la soumission ainsi obtenue est plus complète et plus durable. Qui n'a entendu ces bons chasseurs de hasard, dont Azor a toutes qualités, sauf celle de faire tuer une seule pièce de gibier à son maître, s'insurger contre l'usage du collier de force ou tout autre moyen de répression employé par les dresseurs : « Moi, Monsieur, je n'ai jamais battu mon chien, c'est en jouant que j'ai fait son éducation, aussi, voyez comme il est docile, comme il rapporte... Azor, viens ici! ici! ici! » Le Monsieur crie à pleins poumons et Azor, occupé à battre la plaine et à faire lever toutes les alouettes est trop pressé pour venir. Même comédie quand il s'agit de rapporter. — S'il est bien disposé, si l'objet lui convient, il rapporte, sinon il se contente de gambader autour. Ce n'est pas du dressage.

Le chien dressé doit obéir partout et quand même, au plus petit signe, au moindre appel. Il faut pour cela qu'il soit dominé et sous la crainte de son maître. Il ne faut pas qu'il chasse ou rapporte en jouant. — Il obéit au commandement; c'est un devoir qu'il remplit. — Ce devoir finit par devenir une habitude et n'être plus pénible pour lui; mais dans cette habitude est fixé l'esprit de soumission qui ne s'efface jamais quand il a été inculqué par la force. Il faut, pour avoir le dressage parfait, que le chien ait renoncé à ses goûts, à son instinct naturel pour se plier aux exigences de son maître et céder à sa volonté. — Il faut qu'il soit brisé, *broken,* comme disent les Anglais, pour parvenir à cette transformation complète de la nature qui oblige le chien à chasser pour son maître, au lieu de chasser pour lui-même, comme toutes ses facultés naturelles l'y poussent.

On peut, chez l'homme, arriver à ce renversement complet de l'instinct, par l'éducation et le raisonnement, mais chez l'animal, ce n'est que par la domination et la crainte que l'on y parvient, jamais la douceur et la persuasion ne suffiraient.

Ce sont ces moyens d'arriver à contraindre le chien à l'obéissance, à briser sa volonté naturelle, que nous allons étudier.

*
* *

Le dressage peut se diviser en deux parties : l'intérieur ou l'exercice à la maison et la promenade, et l'extérieur, le travail en plaine et au bois, la chasse. La seconde partie, de beaucoup la plus importante, est souvent, on pourrait dire toujours, la plus négligée. — Elle ne correspond pas au goût, au tempérament français, et nous laissons aux Anglais le soin de l'appliquer dans toute son étendue; c'est une erreur qui repose sur une vieille tradition dont le temps et le progrès auront sans doute raison, mais qui sera longue à déraciner comme tout ce qui repose sur les anciens usages.

Il est convenu chez nous que le chien d'arrêt doit rapporter. — Un chien qui ne rapporte pas est sans valeur, il est à peine considéré comme chien de chasse. Aussi, est-ce sur ce point que sont concentrés tous les efforts du dressage, et l'éducation du chien semble-t-elle achevée quand il présente à son maître la peau de lapin légendaire, bourrée de paille d'abord et chargée de sable ensuite. Avec cette habitude on pardonne au chien qui, par son indocilité, fait manquer dix pièces qu'on aurait tirées et tuées sans lui, s'il a su retrouver un perdreau blessé tombé dans un bois, et le rapporter sans le mettre en pièces.

La plupart des toutous sans nom, sans race et sans nez qui encombrent les gares de chemin de fer, tous les samedis soir, n'ont pas d'autre qualité, et cela suffit pour qu'au retour, le lundi, soit à table, soit au bureau, on raconte leurs prouesses avec la plus entière conviction.

A notre avis, la seule, l'unique qualité que l'on devrait demander au chien d'arrêt, la seule que l'on devrait imposer par le dressage, c'est de rester immobile au départ du gibier, qu'il soit tiré ou non. — Et l'on ne trouve pas en France un chien sur mille, à moins qu'il ne vienne d'Angleterre, qui soit ainsi dressé, par ce qu'on s'est avant tout et principalement occupé du rapport. — Ce serait cependant bien simple à obtenir, surtout pour les gardes qui ont le gibier à discrétion, et le rapport qui a son charme, nous ne le contestons pas, viendrait tout seul, en son temps, comme le complément nécessaire de la bonne éducation.

Quoi qu'il en soit, nous ne prétendons pas révolutionner les us et coutumes généralement admis, et nous suivrons le mode de dressage ordinaire, sans perdre de vue qu'il se terminera par ce qui devrait être son commencement.

Le chien peut aussi bien être dressé par la personne qui l'a élevé que par un dresseur spécial, mais à la condition de changer totalement de régime. Tel chien qui, jusqu'à l'âge de 10 mois à un an, jouissait dans la maison de la plus entière liberté, caressé par l'un, gâté par l'autre, doit, du jour où il entre en dressage, être sévèrement tenu à l'attache ou renfermé au chenil. S'il était habitué au chenil avec une cour aux ébats un peu spacieuse, la chaîne est nécessaire.

L'heure de la leçon devient ainsi une récréation et au lieu de la redouter, comme une privation de liberté, ce qui est chez l'animal la plus forte punition, il la voit venir avec plaisir, et fait fête au dresseur quand celui-ci vient le chercher. Il est moitié mieux disposé à prendre sa leçon que si l'on a été obligé d'aller le prendre de force dans le coin où il n'aurait pas manqué de se réfugier s'il avait été libre.

Surtout, pendant l'exercice, jamais de friandises, de sucre ou de viande; une simple caresse, pour montrer au chien qu'il a bien agi, au lieu de la correction très légère, le plus souvent, s'il ne cède pas ou n'obéit pas à l'ordre donné.

C'est par soumission, et non pour sa satisfaction, que le chien doit céder, sinon ce n'est jamais un dressage solide et durable.

*
* *

Un grand principe aussi à observer, avant d'entrer dans les détails des diverses leçons, c'est de ne jamais demander au chien ce qu'on ne peut exiger de lui, et ce qu'on n'est pas en mesure de l'obliger à faire. Ainsi, ne pas l'appeler quand on sent qu'il est assez loin pour se soustraire à l'ordre et qu'il va s'enfuir à sa niche. Si la faute a été commise, ne jamais laisser le chien sous cette impression, l'obliger à revenir au point de départ et à exécuter, bon gré, mal gré, l'ordre donné. L'animal ne raisonne pas, ou tout au moins son raisonnement est limité à la logique brutale : je me suis sauvé, je n'ai pas été corrigé, donc j'ai bien fait et je recommencerai. La preuve que le chien se fait bien cette sorte de raisonnement, c'est qu'il ne manque jamais de recommencer quand il a pu réussir une fois.

De même, s'il tentait de se révolter et menaçait de mordre, une répression immédiate et exemplaire est indispensable, autrement l'animal, se sentant le plus fort, s'enhardirait chaque jour et ne manquerait pas de recommencer à faire usage de ses crocs, plutôt que de se soumettre aux exigences du maître.

Des premières leçons dépend souvent tout le succès; le chien le plus dur, qui se sent dompté, sera parfois le plus vite et le plus parfaitement dressé, même quand il aurait donné, au début, de telles preuves d'entêtement qu'on aurait été tenté de l'abandonner, avec la conviction qu'il n'y avait rien à en tirer.

Si le dresseur reste calme, maître de tout son sang-froid, s'il suit surtout sa méthode avec une logique implacable, demandant et exigeant toujours la même chose, sous la même forme, sur le même ton, il est sûr de réussir.

L'animal peut être long à comprendre, mais devant cette fermeté persistante il finit toujours par saisir.

La forme du commandement est aussi d'une grande importance. — Il ne doit jamais avoir le ton enjoué mais, par contre, il faut se garder de crier et de trop élever la voix pour la rendre ferme.

Rien n'est assommant, en chasse, comme le chien qui n'obéit qu'à l'appel fait à pleins poumons. C'est une mauvaise habitude de dressage; on l'appelait et le commandait beaucoup trop fort. Le vrai ton est celui qui, donné froidement, s'impose par une note autoritaire et n'admet pas la réplique; il acquiert toute sa valeur quand il contient en même temps la persuasion et l'expression de la volonté. — C'est le commandement de l'homme intelligent qui, du premier mot, fait sentir à l'animal sa supériorité, et lui inspire le sentiment de soumission.

Partant de ces principes généraux qui, à eux seuls, constituent le dressage, nous passerons aux leçons techniques et aux moyens d'obtenir le plus rapidement, l'obéissance passive, le rapport, l'aplatissement à main levée et au coup de feu et, par suite, l'immobilité au départ du gibier.

## PREMIÈRE LEÇON.

En inscrivant ce titre, première leçon, nous entendons prendre le mot dans son sens le plus général, car il nous semble difficile d'instituer un cours de dressage en 25 leçons, comme on annonce des cours d'anglais, de calligraphie ou de tenue de livres.

Au lieu de première leçon il serait plus juste de dire : début ou première période d'instruction. Le point initial à obtenir est l'obéissance passive et immédiate. — Avant le dressage, le chien, considéré comme docile, se fait appeler deux ou trois fois avant de venir, ou s'approche en gambadant à quelques pas de distance, ou ne semble même pas écouter la voix de son maître, s'il se trouve bien dans son coin ou s'il prévoit qu'on va lui demander quelque chose de désagréable.

Au commandement : Ici ! prononcé d'une voix nette, mais peu élevée, le chien devra venir d'une allure posée jusqu'aux pieds du maître et se présenter à lui dans l'attitude de la soumission. Cette obéissance s'obtient rarement sans le collier de force, et ce sont parfois les chiens les plus craintifs et les plus soumis, les plus doux de caractère, qui en ont le plus besoin. — Ceux-là viennent bien tant qu'ils trouvent une caresse ou une friandise, mais dès qu'on semble exiger d'eux quelque chose d'anormal, ou qu'on s'est laissé aller à élever la voix, le sentiment de la frayeur l'emporte sur celui de l'obéissance et le chien se sauve ou refuse obstinément d'avancer.

Pour cette leçon, comme pour toutes les autres, sans exception, le dresseur restera seul en tête à tête avec son chien pour que rien ne vienne détourner l'attention de son élève. — Il se placera soit dans une grande pièce non meublée, soit dans une cour close, de façon que l'animal ne puisse concevoir l'idée de se soustraire à l'exercice, en se sauvant, ou en se cachant derrière un meuble ou dans un endroit difficilement accessible. — Ce seul espoir, que le chien concevrait à première inspection des lieux, suffirait à le rendre rebelle. — Le fruit de plusieurs leçons est perdu quand le chien, après une correction, trouve à se réfugier derrière un rempart où il montre ses crocs sans répression immédiate. L'instinct de révolte une fois éveillé, ne demande qu'à se développer.

Le collier de force étant un instrument de châtiment, il convient de ne pas en user sans prétexte et son emploi, au début de la leçon, serait une erreur. Il faut attendre que le chien ait refusé d'obéir à l'ordre donné pour lui attacher le collier; rien que cela peut suffire à lui faire comprendre qu'il a mal fait et qu'il va être forcé de céder. Il serait du reste bien inutile d'employer ce moyen de rigueur, si l'animal se soumettait de bon gré à toutes vos exigences.

Comme première leçon, le dresseur, placé à l'une des extrémités de son terrain, commande : « Viens ici ! » Une fois l'ordre exécuté, il se porte à l'autre extrémité, et recommence jusqu'à ce que la manœuvre soit faite correcte-

Fig. 1 — « Viens ici ».

ment. Si le chien est très doux, une simple corde à son collier peut suffire pour vaincre son hésitation, et l'exercice est alors de courte durée. — Si, au contraire, l'animal est rétif, c'est sur cette leçon qu'il faudra le plus s'appesantir. Le chien refusant de venir, restant immobile ou se couchant aux mots « Viens ici », une petite saccade du collier accentuera un second commandement.

Une saccade plus forte confirmera le troisième, et ainsi de suite *crescendo* jusqu'à exécution. — Parfois le chien crie et se roule sur le dos au lieu d'avancer, en ce cas, la corde tirée lentement et régulièrement, pendant que le commandement sera répété de la voix la plus calme, l'amènera, comme par un treuil, auprès du dresseur où une petite caresse de la main signifiera qu'une fois là le châtiment cesse. Si après cet exercice recommencé plusieurs fois, l'élève persiste à se coucher au lieu de venir, le maître rassemblera fermement la corde dans ses mains, ira donner une légère caresse au chien pour bien lui faire voir qu'il n'a pas l'intention de le battre, puis reculant de quelques pas, commandera sur le même ton : Viens ici! Il renouvellera deux fois le commandement en l'accentuant d'une voix ferme, puis, en cas de refus persistant, il amènera l'a-

Fig. 2. — Commandement « Viens » accentué par une saccade du collier de force.

nimal à ses pieds, d'un seul coup, sans crainte

de le soulever presque de terre, par la vigueur du mouvement. On trouve peu de récalcitrants après l'application réitérée de ce moyen énergique.

Quelques chiens, au lieu de se coucher ou d'opposer la force d'inertie, se révoltent contre le collier de force et, comme les chevaux, se cabrent sous la piqûre et *tirent au renard*, c'est-à-dire qu'ils se jettent à la renverse ou tirent de tout leur poids sur les piquants en se cramponnant sur les quatre pattes. Le moyen le plus simple de calmer cette rébellion est d'attacher le chien par l'extrémité de la corde à un arbre ou à un pieu quelconque, au milieu du terrain de dressage, et d'aller s'asseoir à distance pour le surveiller.

Quand, après avoir fait toutes les défenses possibles, après avoir fui à toute vitesse, s'être roulé sur le collier, il sent que sa résistance est vaine, et que plus il tire, plus les piqûres sont profondes, au bout d'une demi-heure au maximum, il se calme de lui-même et se garde bien de tendre seulement la corde qui le retient.

Après cette dure leçon, le chien a besoin de

repos. Le dresseur le conduira lui-même à la

Fig. 3. — Chien tirant au Renard, sous la pression du collier.

niche, tenant toujours la corde du collier de

force par son extrémité; chemin faisant, il laissera prendre à son élève quelques pas d'avance et commandera : Viens ici! — Le chien prévoyant un refuge dans sa niche, au lieu de venir, ne manquera pas de chercher à se sauver. Le maître répétera l'ordre posément pour ne pas inspirer de crainte et suivra aussi rapidement que possible pour maintenir la corde lâche, puis, au bout de quelques pas, le chien gagnant du terrain, il accentuera l'ordre et en même temps, il s'arrêtera net, de façon à rendre, par la vitesse acquise, la secousse plus forte et ramènera à lui le fugitif pour le caresser. — Il ne lui rendra la liberté qu'après l'avoir forcé à sortir même de sa niche pour répondre à l'ordre : Viens ici.

Cette première leçon répétée deux fois par jour se prolongera jusqu'à parfaite soumission de l'élève avant de passer au rapport.

*
* *

Pour obtenir le rapport, deux méthodes sont en présence : la douceur, le travail en jouant, et la force. Le premier moyen met à profit cet instinct commun à tous les chiens, qui les porte à courir sur tout ce qui court ou roule à terre et à le saisir dans la gueule ; c'est ainsi que la plupart des chiens de chasse, les neuf dixièmes environ, finissent par rapporter et parfois assez correctement. Mais ce n'est jamais là le rapport solide sur lequel on peut compter, qui ne faillira dans aucune circonstance, pas plus à l'eau qu'au bois, et devant un objet agréable ou non. Le chien forcé au rapport, c'est-à-dire dressé par principes, au collier de force, est beaucoup plus satisfaisant et n'a jamais une défaillance ; et puis, ce qui est un point capital, il n'a jamais la dent dure, nous en démontrerons plus tard la raison.

On a préconisé quantité de méthodes, toutes plus infaillibles les unes que les autres, pour apprendre aux chiens à rapporter ; chaque chasseur a la sienne. Une des plus prisées des amateurs qui n'ont jamais connu de la chasse que les histoires du baron de Crac, est celle qui consiste à prendre un jeune chien de 4 à 5 mois et à lui jeter, d'abord, des petits morceaux de fromage qu'il mange avec avidité. Celui-ci, mis en goût, ne manque pas d'en demander encore et fait fête à son maître dès qu'il le voit occupé à découper les petits morceaux. Le dresseur prend alors un vieux porte-monnaie et, bien ostensiblement, devant le nez du chien qui se lèche d'avance les babines, y renferme le morceau de fromage, et lance au loin le porte-monnaie. Azor se précipite, et comme il ne peut avaler contenant et contenu, à cause du fermoir en fer, il revient en mâchonnant, vers son maître qui l'appelle de toutes ses forces et lui ouvre le porte-monnaie, pour lui permettre d'avaler le morceau de fromage désiré. En renouvelant ce manège assez souvent, le chien finit par rapporter tant bien que mal l'objet qui lui plaît ; mais si on lui demande de prendre dans sa gueule quelque chose de nouveau, il s'y refuse tout simplement et il n'y a plus aucun moyen de l'y contraindre... toute l'éducation est à recommencer.

Pour nous, cette méthode et tous les systèmes analogues ne sont pas sérieux, et leur application, si consciencieusement qu'elle soit faite, ne peut donner que des déboires ou des résultats négatifs.

*
* *

Il n'existe qu'une méthode pratique, c'est celle de la *contrainte et de la progression* : demander au chien une chose facile, exiger qu'il la fasse, et insensiblement augmenter la difficulté. Il ne faut pas lui demander un effort d'intelligence, il faut le rompre à une sorte d'habitude, pour ainsi dire mécanique, afin qu'il exécute les ordres donnés, comme si une impulsion supérieure le faisait mouvoir, et cela, automatiquement, toujours de la même façon, sans colère comme sans faiblesse.

Pour la première leçon de rapport, le dresseur est muni du collier de force, un collier à piquants très atténués, celui du reste dont il usera constamment et dont les pointes ne pourraient entrer dans la peau, ni même faire saigner en déchirant l'épiderme; c'est un instrument de coercition et non de supplice. Il a de plus son fouet, un petit fouet court, à lanière large, qui ne devra jamais le quitter, en aucune circonstance, même en chasse; plus tard, il l'aura toujours pendu à la ceinture pour être à sa disposition instantanément à la première incartade. Enfin, il tient à la main le billot.

C'est un petit morceau de bois rond, d'en-

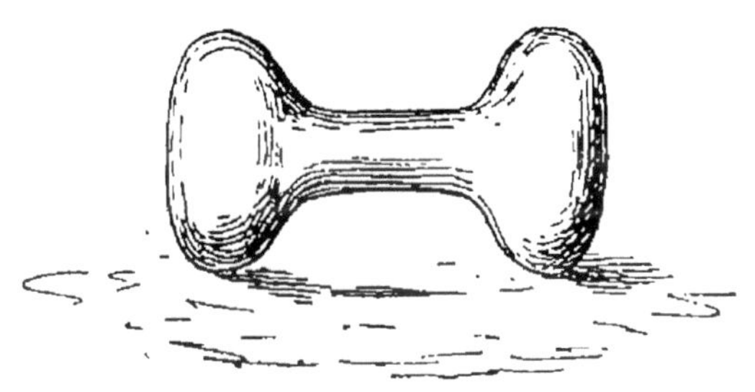

Fig. 4. — Billot de dressage.

viron 20 centimètres de longueur, terminé par deux boules de 10 centimètres de diamètre, le tout tourné dans le même morceau et pesant à peu près 6 ou 800 grammes. Ce billot, quand on le jette à terre, retombe toujours de la même façon, et sa partie médiane est toujours distante de 2 à 3 centimètres du sol, ce qui permet au chien de l'appréhender sans difficulté.

*
* *

Pour débuter, le dresseur tenant son élève tout près de lui, lui met n'importe comment le billot dans la gueule. Naturellement le chien le laisse tomber immédiatement et le rejette même avec une certaine vivacité. Il recommence quatre ou cinq fois cette manœuvre sans insister, puis essaie de maintenir le billot dans la gueule, et, dès qu'il tombe, applique un léger coup de fouet. Le chien, très surpris de cette ouverture des hostilités, se couche ou cherche à fuir, ou détourne la tête, et fait plus de difficultés qu'à la première fois pour se laisser mettre à nouveau le billot entre les dents. — Là commence sérieusement la séance. — Le dresseur présente le billot devant les crocs en disant : « Prends », et comme ceux-ci ne s'ouvrent pas, il fait pression sur les babines avec l'autre main ; dès que l'ouverture de la gueule se produit, il introduit son billot et le maintient par l'une des boules pendant un instant assez prolongé, puis il dit « Donne » et le retire. Aussitôt, une petite caresse fait comprendre au

Fig. 5. — Dresseur soutenant le billot pour habituer le chien à le garder.

chien que le mouvement a été bon. — Un

temps d'arrêt de quelques secondes, et cet

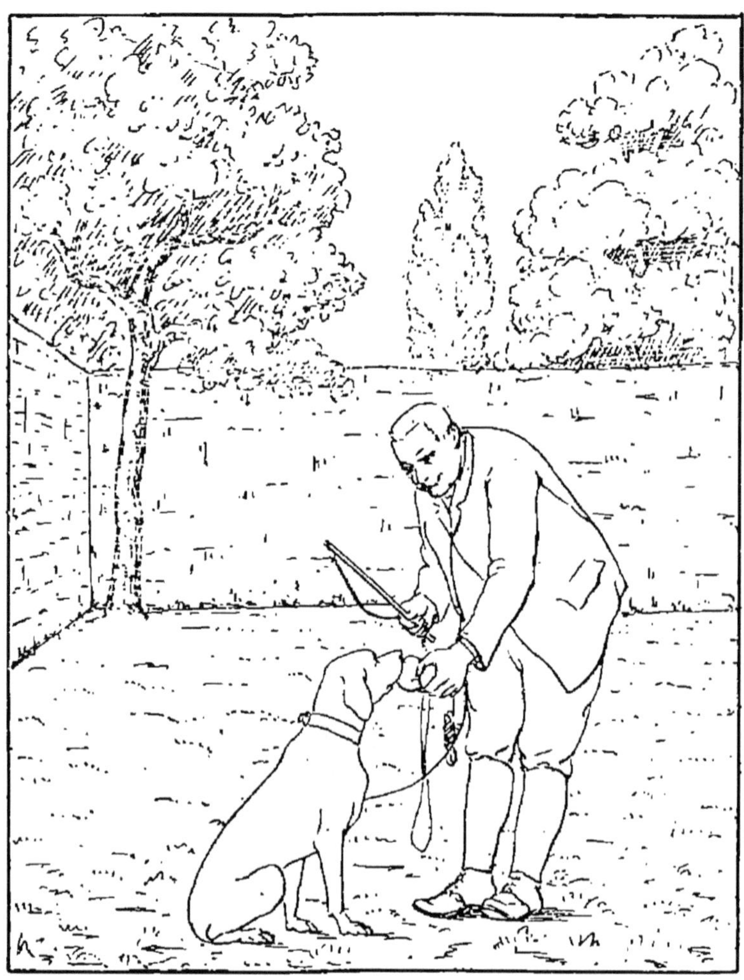

Fig. 6. — 1re séance de rapport « Prends ».

exercice de « Prends » et « Donne » avec intermèdes de quelques coups de fouet, toujours appliqués isolément et à propos, quand le chien

Fig. 7. — Dresseur faisant pression sur les babines pour ouvrir la gueule du chien.

fait trop de difficultés pour desserrer les mâchoires ou met trop de précipitation à lâcher,

Fig. 8. — Dresseur soutenant seulement de la main gauche, et très légèrement le billot dans la gueule du chien.

continue pendant au moins une demi-heure.

Souvent, on n'est pas plus avancé qu'au commencement de la leçon; parfois cependant le chien commence à ne plus rejeter le billot, à le garder même sans qu'on le soutienne; mais, il ne manifeste encore aucune envie d'ouvrir de lui-même la gueule pour le prendre.

*
* *

A la séance suivante, même manœuvre : l'élève commence à faire quelques pas en tenant le billot quelquefois soutenu, sans qu'il s'en aperçoive, par la corde du collier; mais enfin il le tient, il marche avec, et, s'il le laisse tomber, instantanément, avant même qu'il n'ait touché terre, la lanière du fouet doit s'abattre sur son dos et, sans délai, le billot est replacé dans la gueule, au commandement « Prends ».

Quelquefois, à la fin de cette séance, sans desserrer encore les dents pour prendre, le chien les contracte moins et cède à la moindre pression du billot sur la mâchoire. Il est très important d'éviter de lui faire mal aux crocs ou

Fig. 9. — Le chien tenu en laisse marche à côté de son dresseur, en portant librement le billot.

aux gencives en présentant le billot; ce serait

le rebuter et reculer indéfiniment le résultat; en tout du reste il faut du calme, de la sévérité, de l'énergie même, mais jamais de brutalité.

A la troisième ou quatrième reprise, le progrès se manifeste par une détente plus grande des mâchoires. Bientôt, à présentation du billot, et au mot : « Prends », le chien fait un petit mouvement pour ouvrir la gueule. Si cela ne vient pas spontanément au bout d'un certain temps, il faut en précipiter la décision en accompagnant chaque commandement : « Prends », le billot étant placé juste devant les dents, d'un léger coup de fouet sur les reins. C'est une affaire d'heures ou de minutes, mais il n'est pas de chien qui, au bout d'un temps relativement court, ne finisse par ouvrir la gueule, par se laisser placer le billot bien au fond et par le porter aussi longtemps qu'on voudra sans le laisser tomber.

*
* *

Ceci est la première étape, la plus difficile à franchir. Dès que le chien a fait le premier effort pour ouvrir la gueule, le dresseur, au

Fig. 10. — Dresseur présentant le billot placé juste devant le nez du chien, à hauteur. Le chien ouvre de lui-même la gueule.

lieu de pousser lui-même le billot, le tient immobile devant les dents entr'ouvertes, et commande « Prends » jusqu'à ce que le chien ait fait un petit mouvement presque insensible en avant pour allonger la tête. Il fait de même de son côté pour que le billot aille jusqu'au fond de la gueule; car il ne faut jamais qu'il soit tenu du bout des dents. A ce point de la leçon commence la progression insensible dont nous parlions au début, et plus le dresseur a de tact, de correction dans ses mouvements, et d'esprit de suite, plus il arrive vite au résultat final.

Il doit, à chaque reprise d'une leçon nouvelle, commencer exactement par le dernier exercice de la veille, sans rien y ajouter de plus difficile, et le chien s'y conformera toujours, comme à la leçon précédente. Ce n'est qu'au cours de la séance qu'il faudra accentuer le mouvement, et encore de façon à ce que l'animal ne puisse se rendre compte de la transition.

*
* *

Ainsi, avant cette digression, nous en étions au point où le chien avance un peu la tête pour prendre le billot présenté horizontalement juste

Fig. 11. — Le chien, tête baissée, prend le billot à mi-hauteur.

à la hauteur de son museau. En suivant la leçon,

la main s'abaissera chaque fois de quelques mil-

Fig. 12. — Le chien prend le billot *tenu à terre* par le dresseur.

limètres. Peut-être faudra-t-il cent reprises et plus, pour franchir la distance du museau au sol, mais petit à petit, sans s'en rendre compte, et, en

Fig. 13. — Le billot à terre, le chien tenu par la laisse, l'homme commandant, le fouet à la main, le chien la tête baissée, le nez presque sur le billot.

deux ou trois séances tout au plus, le chien viendra prendre de lui-même le billot posé à terre

Fig. 14. — Le billot placé à plusieurs mètres, le chien, la laisse longue, allant chercher, le dresseur debout, fouet main droite.

et tenu seulement de la main par une des boules.

Dans cette position, le dresseur aura plusieurs fois à faire entrer le billot au fond de la gueule, car le chien ne le prendra que tout doucement du bout des dents, mais, en répétant la leçon, il suffira d'approcher les doigts de la boule, sans y toucher, puis enfin, et toujours progressivement, le chien au commandement « Prends » ramassera le billot à terre, sans que le dresseur y mette la main et suivra en le tenant à pleine gueule, ne le lâchant qu'au mot : « Donne ».

Suivant toujours la même méthode, le dresseur, au lieu de poser le billot sous le nez du chien, le placera à 10 centimètres, puis à 20, puis à 50, et ainsi de suite, allongeant toujours la distance, conduisant dessus son élève avec la corde, puis il arrivera à le jeter à 2 mètres, à 5, à 10, le chien ira de lui-même le chercher et le rapportera.

*
* *

Là commence une légère modification de l'attitude de l'homme et du chien. Ce dernier ayant compris ce que doit être le rapport, c'est-à-dire qu'il s'agit d'aller chercher un objet quelconque, de le ramasser avec la gueule et de venir ensuite, en le portant, dans la direction du maître, il faut lui inculquer les principes du respect et de la soumission et lui apprendre à présenter correctement, pour ainsi dire au port d'arme, ce qu'il rapporte. Il ne faut pas que le chien arrive en gambadant et laisse tomber ce qu'il rapporte aux pieds de son maître, ce serait manquer de respect à son supérieur, et la distance doit toujours être sévèrement maintenue. On exigera donc que le chien se présente assis, face au maître, la tête haute, restant immobile en conservant à la gueule l'objet qu'il présente, jusqu'à ce qu'on l'en débarrasse en disant : « Donne ». Une simple petite caresse est la récompense de l'exécution correcte de cette consigne. Donc, quand le chien, portant son billot, approche du dresseur, celui-ci commande : « Assis ». Le mot étant encore inconnu de l'élève, reste sans effet. C'est au dresseur à l'expliquer en appuyant sur les reins du chien et en le forçant à s'asseoir, bien campé sur les pattes de devant. A partir de ce moment le dresseur ne devra jamais recevoir un objet sans commander : « Assis » et sans exiger l'obéis-

Fig. 15. — Chien présentant correctement le billot ; le dresseur tape sur les reins avec son fouet, en disant « Assis ! »

sance à son commandement. Il l'obtiendra facilement par une petite tape du bout de son fouet sur les reins, et à la rigueur par un coup de fouet bien appliqué, s'il y a résistance.

Bien rarement le chien refuse de s'asseoir; il oppose plutôt la force d'inertie, ce qui est la plus désespérante de toutes pour le dresseur; mais il ne faut jamais céder et, même en chasse, plus tard, le dressage fini, n'accepter aucune pièce si elle n'est pas présentée correctement. Dès qu'on fait une concession à un chien, il ne manque pas de tomber dans l'excès contraire. Si on ne le force pas à s'asseoir, il se contente vite de n'arriver qu'à quelques pas; si on n'exige pas qu'il reste immobile en tenant sa pièce jusqu'au commandement : « Donne », il la lâche à deux pas de son maître d'abord, puis à dix, puis à moitié chemin et, s'il s'agit d'un perdreau blessé, celui-ci file, au grand ébahissement du maître et du chien.

Donc, pour en revenir à notre leçon, le dresseur a jeté le billot à quelques pas en commandant : « Va chercher ». Quand le chien s'est avancé et l'a saisi, il commande : « Apporte », pour bien faire comprendre le sens de ce mot, qui devra plus tard primer tous les autres dans l'esprit de l'élève, et, dès que le chien est à ses

Fig. 16. — Chien présentant le billot, correctement assis, le dresseur tend la main gauche pour recevoir le billot, en disant : « Donne », et caresse de la main droite.

pieds, il commande « Assis », laisse quelques

secondes d'immobilité, prend le billot en disant : « Donne » et fait une légère caresse comme récompense.

*
* *

Le dresseur doit peu parler et se servir toujours des mêmes termes, prononcés nettement, en les appliquant dans les mêmes circonstaces; le chien en aura vite compris le sens et saura les reconnaître plus tard, à leur consonance, même dans des circonstances toutes différentes.

Quand on en est à ce point, ce qui demande en général une dizaine de séances d'une demiheure, on peut dire que le chien rapporte; le reste n'est plus qu'une affaire de temps et de pratique, à condition de suivre toujours la progression régulière, de ménager les transitions et de commencer toute nouvelle séance en repassant sommairement l'A. B. C. du commencement.

*
* *

Le rapport du premier billot se faisant correctement, on passe à un billot de même type, mais dont les boules sont chargées, et pèsent le poids d'un petit lapin. Parfois, la première fois qu'on jette ce billot, le chien le rapporte aussi correctement que son premier; le plus souvent, constatant la différence de poids, au premier effort qu'il a fait pour le soulever, il le laisse là et se refuse obstinément à le ramasser. Il n'y a, dans ce cas, qu'à revenir à la théorie primitive : le lui mettre dans la gueule, le faire porter, et progressivement faire ramasser et aller chercher toujours en confirmant les arguments par quelques coups de fouet en cas d'entêtement manifeste. Au besoin, en présence de défenses trop vives, revenir au billot léger, mais ne jamais rester sur un refus; il ne faut quitter la leçon qu'après avoir obtenu ce qu'on demandait, quitte à battre en retraite habilement et à demander quelque chose de moins difficile, pour être sûr de l'obtenir. Il est rare que le billot chargé exige plus de deux ou trois séances.

*
* *

A ce moment il faut songer que l'élève est destiné à rapporter autre chose que des haltères; il faut penser à l'habituer au gibier, et l'on ne se doute pas quelle répulsion les jeunes chiens ont souvent pour le poil ou pour la plume. Dans ce but on prend un billot

Fig. 17. — Billot garni de peau de lapin.

garni de peau de lapin. On procède, pour le faire prendre, comme pour le billot chargé, et, pour cela, une séance est plus que suffisante.

Du billot garni de poil, on passe à la peau de lapin bourrée d'étoupe ou de varech. Là le morceau est sensiblement plus gros que le billot et il s'agit, pour le prendre, d'ouvrir la gueule bien plus largement. C'est souvent un sujet de désaccord très accentué avec le dres-

Fig. 18. — Une peau de lapin.

seur, et il est rare que cette séance se passe sans quelques pleurs et quelques grincements de dents. Il faut, en ce cas, recommencer par faire prendre le billot léger, puis le lourd, puis celui garni de poil; mettre la peau de lapin dans la gueule, la faire porter, l'offrir en disant « Prends » et exiger, avec fouet à l'appui, qu'elle soit prise tout comme le premier billot léger. Deux séances en général, trois tout au plus, doivent suffire.

*
* *

Après la peau bourrée, vient la peau chargée, pesant le poids d'un bon lapin de garenne;

c'est à ce point que certains chiens sont les plus

Fig. 19. — Chien prenant *mal* la peau de lapin, c'est-à-dire par un bout, et arrivant en la tenant pendante.

rétifs; d'autres se décident en quelques minutes;

en tous cas, il n'y a qu'à procéder exactement

Fig. 20. — Le dresseur s'avançant au-devant du chien tenant mal la peau et la lui faisant tomber de la gueule.

de la même manière que pour la peau légère,

toujours en remontant aux premiers exercices.

Fig. 21. — Le dresseur faisant reprendre à terre la peau par le milieu. — Le chien la tête baissée, l'ayant dans la gueule, juste par le milieu.

Tous les chiens ont tendance à prendre la

peau par un bout; elle semble plus mince à

Fig. 22. — Chien assis devant le dresseur et tenant très correctement la peau par le milieu.

l'extrémité et aussi moins lourde à soulever de terre; mais quand il s'agit de marcher en la tenant ainsi, ils éprouvent une grande difficulté, tournent la tête, et souvent sont forcés de traîner leur fardeau, ou le laissent tomber à mi-chemin. — Il ne faut pas tolérer cette incorrection qui dégénérerait vite en une habitude déplorable.

Dès que le chien aura ainsi ramassé la peau par un bout et s'avancera gauchement, la tête penchée, entraînée par le poids portant à faux, le dresseur s'avancera au-devant de lui et d'une légère tape, sur l'extrémité pendante, fera tomber la peau à terre et commandera immédiatement « Prends » en obligeant l'élève à ramasser juste au milieu et en protégeant au besoin les extrémités de ses deux mains.

Il recommencera jusqu'à correction complète du mouvement.

Il faut avoir affaire à un animal bien entêté pour consacrer plus de trois leçons à la peau chargée.

*
* *

Tout cela obtenu bien franchement, sans réticences, gaiement même, il s'agit de passer du poil à la plume : nouveau sujet de brouille entre le maître et l'élève.

Pour cette leçon, on prend un pigeon de petite taille autant que possible, et de préférence de couleur sombre, genre perdrix, on lui attache les deux pattes et les ailes avec une petite ficelle, de façon à ce qu'il ne

Fig. 23. — Pigeon attaché et posé à terre.

puisse, ni marcher, ni voler; cela est très facile à faire, sans le blesser le moins du monde. La séance commence naturellement, par le lancement et le rapport successifs de tous les objets : billot léger, lourd, peau simple, peau chargée, puis le dresseur fait asseoir le chien devant lui, prend le pigeon par les ailes et par la queue, et le présente au chien en disant : « Prends ». Celui-ci refuse presque toujours. Le dresseur lui ouvre la gueule de force, et y place le pigeon bien

Fig. 24. — Dresseur présentant au chien, assis devant lui, le pigeon, en le tenant par la queue et les ailes et offrant la poitrine au chien qui ouvre la gueule.

au fond et bien tenu par le milieu du corps.

Exactement comme à la première leçon pour

Fig. 25. — Chien prenant mal le pigeon c'est-à-dire, prenant du bout des lèvres les premières plumes d'une aile.

le billot, le chien le crache avec dégoût. Un coup de fouet bien appliqué et arrivant bien en mesure, lui explique, sans commentaires,

Fig. 26. — Dresseur faisant tomber le pigeon de la gueule, comme pour la peau de lapin.

que ce n'est pas ce qu'il faut faire, et aussitôt le pigeon est replacé dans la gueule, et ainsi de suite, en abaissant et maintenant

Fig. 27. — Chien *venant* en apportant correctement le pigeon par la poitrine.

tout comme aux premières leçons. Si, après cette reprise du cours primitif, les refus continuent, le chien est poussé à coups de fouet jusque sur le pigeon et finit par le prendre.

Il est très important d'exiger que le chien prenne toujours le pigeon très correctement, soit par la poitrine, soit par le milieu du dos, et à pleine gueule; s'il le prend par une aile ou par la queue, il faut le lui faire tomber de la gueule par une petite tape, comme on a fait pour la peau de lapin, et exiger qu'il le reprenne immédiatement. Et, dans aucun cas, le pigeon ne doit être mâchonné; il ne doit recevoir ni égratignure, ni perdre une plume pendant tous les exercices, fût-il rapporté vingt fois de suite en une demi-heure. Ce qu'il y a de curieux, dans ce mode de dressage, c'est que le chien est tellement assoupli par cette progression régulière, que l'on peut en toute assurance lui confier le pigeon, avec la certitude qu'il ne l'abîmera pas. Nous connaissons un dresseur qui, en deux ans, a forcé plus de 150 chiens au rapport, et c'est le même pigeon qui a continuellement fait le service, sans que sa santé en soit le moins du monde altérée; il a même trouvé le moyen, entre temps, de s'accoupler et d'aider sa femelle à élever une magnifique paire de pigeonneaux. Ceci est absolument authentique.

*
* *

Après le pigeon, vient le lapin vivant; c'est le couronnement de l'œuvre, mais c'est aussi le point le plus délicat. Le lapin vivant est gros, lourd et mou. Le chien, placé dans cette alternative de donner à ses mâchoires une certaine pression pour porter cette masse mouvante et lourde, et de ne pas serrer, dans la crainte de lui faire du mal, est fort embarrassé, et le plus souvent s'abstient. On attache alors le lapin par les pattes, un lapin de

Fig. 28. — Lapin attaché.

garenne, bien entendu, ou un lapereau de taille équivalente, et on le place, par le milieu des reins, au fond de la gueule du chien,

Fig. 29. — Chien apportant correctement le lapin attaché, et le présentant au dresseur, qui le récompense d'une petite caresse sur la tête.

bien grande ouverte. On soutient au besoin

la mâchoire inférieure avec la main, pour que le chien avance sans le lâcher et se rende bien compte qu'il peut le porter, puis on procède exactement comme pour le pigeon, faisant tomber le lapin s'il est mal tenu, et obligeant l'élève à le reprendre par le milieu des reins. Il est rare qu'on n'obtienne pas satisfaction complète à la fin de la deuxième ou de la troisième leçon.

*
* *

Quand un chien a passé par toutes ces épreuves, on peut affirmer qu'il rapporte et qu'il rapportera toute sa vie, et on peut partir en chasse avec lui. Il n'y aurait cependant rien d'étonnant qu'il hésitât sur la première pièce tombée. Dans ce cas, à la première injonction restée sans effet, il faut commencer par mettre une laisse au collier, prendre son fouet en main et amener doucement le chien sur la pièce de gibier, en disant « Apporte ». S'il refuse, la lui mettre une fois dans la gueule, et le faire venir en la portant une vingtaine de pas, prendre la pièce en faisant asseoir correctement et en disant : « Donne », puis la relancer en commandant : « Apporte ». Il est bien rare qu'un nouveau refus se produise; autrement, il n'y aurait qu'à jouer du fouet, jusqu'à soumission, et ce ne serait certainement pas long.

Le chien ainsi dressé peut passer plusieurs années sans rapporter, il n'oubliera jamais ses leçons et l'on pourra toujours le contraindre à l'obéissance en reprenant les cours pendant dix minutes.

On peut même, et cela peut paraître invraisemblable, mais nous avons eu souvent l'occasion d'en avoir la preuve, interrompre les leçons, au quart, à la moitié, ou à un degré quelconque de la progression, et les reprendre six mois ou un an après, juste au point où on les avait laissées; le progrès continue dans les conditions normales.

*
* *

Une fois le cours réglementaire terminé, il est bon d'ajouter au rapport un perfectionnement : c'est d'habituer le chien à retrouver un objet caché. Cela s'obtient presque en jouant et sert de récréation.

Le procédé est des plus simples : on débute par un objet que l'on a porté assez longtemps sur soi — un mouchoir noué, le plus souvent. — Quand le chien a bien flairé le mouchoir, qu'il a même rapporté une fois ou deux, on l'enferme, en le caressant, dans une pièce voisine, et on le fait tenir par quelqu'un, les yeux cachés. Le dresseur va lentement et à très petits pas placer le mouchoir à une dizaine de mètres, sans trop le cacher, puis il pose ses mains sur le sol autour du mouchoir et se recule en traînant un peu une main à terre sur la voie qu'il a prise pour venir. Il revient, toujours à petits pas, sur le même chemin, et ouvre la porte au chien en lui disant : cherche, apporte. Le chien, guidé par l'odeur, va presque toujours directement au but.

Dès que l'élève a compris, par ce premier exercice élémentaire, qu'il s'agit de chercher avant de rapporter, on augmente les difficultés en prolongeant le parcours, en dissimulant l'objet sous des feuilles, sous un pot à fleurs, et l'on finit par le placer dans un arbre, assez haut pour que le chien soit obligé de sauter pour l'atteindre, mais toujours il faut que la main glisse le long de l'arbre jusqu'au sol et qu'elle guide l'odorat par son passage sur la terre jusqu'à une petite distance. La direction générale est suffisamment donnée par les pas du maître, mais à condition qu'il ait bien suivi lentement le même chemin pour aller et venir. Ce n'est que quand le chien est bien fait à cette pratique que l'on peut marcher vite et jeter l'objet n'importe où, sans marquer sa place par le passage de la main. Cet exercice est excellent, pour habituer le chien à la recherche du gibier tombé. Il a surtout cet avantage de finir par faire du rapport un mouvement tout naturel qui ne s'efface jamais et semble inné chez l'animal.

*
* *

D'après ce système, le dressage au rapport parfait demande une moyenne de 32 à 36 leçons, d'une demi-heure environ, soit à peu près 15 jours, en donnant 2 leçons par jour.

Ce qu'il y a de curieux, c'est que ces leçons peuvent être données en bloc ou en détail, coup sur coup, ou espacées, le résultat est le même. On peut les faire durer six mois, il n'en faudra toujours que le même nombre; de même on peut les précipiter et terminer le cours en huit jours. On pourrait même, mais c'est là un tour de force que nous ne conseillons pas d'essayer, y arriver en 16 heures, en donnant alternativement une demi-heure de leçon et une demi-heure de repos.

Ce tour de force a été fait, à la suite d'un pari, par un dresseur que nous connaissons parfaitement. Il s'agissait d'un chien de quatre ans, n'ayant jamais rapporté, vigoureux et d'un caractère peu aimable. Le chien, pris à 4 heures du matin, rapportait, au commandement, n'importe quoi à 8 heures du soir; mais le lendemain l'élève et le maître avaient une courbature; ce dernier n'a jamais voulu recommencer.

⁂

Pour faciliter l'application pratique du système que nous venons d'expliquer, nous avons établi un *Carnet de dressage*. C'est un registre où chaque chien a son compte ouvert et où l'on marque journellement les leçons données, suivant la progression à suivre et le résultat obtenu. De cette façon on est sûr de suivre une marche régulière et de se conformer en tous points aux principes.

Voici la copie d'une page imprimée de ce carnet :

**Chenil de « l'Aviculteur »**

Mantes (S.-&-O.)

Nom du chien........ ______________________

Sexe et race......... ______________________

Signalement et âge... ______________________

Entré le............ ______________________

Propriétaire......... ______________________

Dressage à faire...... ______________________

Commencé le......... ______________________

Caractère........... ______________________

Défenses............ ______________________

Rendu le............ ______________________

| | LEÇONS données | DATES de la dernière leçon |
|---|---|---|
| Garde le billot | ........ | .................. |
| Prend | ........ | .................. |
| Prend en abaissant | ........ | .................. |
| Prend à terre | ........ | .................. |
| Ramasse | ........ | .................. |
| Va chercher | ........ | .................. |
| Billot chargé | ........ | .................. |
| Peau de lapin | ........ | .................. |
| Pigeon mort | ........ | .................. |
| Pigeon vivant | ........ | .................. |
| Tous objets ou gibier | ........ | .................. |
| Travaille en liberté | ........ | .................. |
| En plaine | ........ | .................. |
| Parfait | ........ | .................. |

---

| | | |
|---|---|---|
| Se couche à la laisse | ........ | .................. |
| » » en liberté | ........ | .................. |
| Au coup de fusil en laisse | ........ | .................. |
| Au coup de fusil en liberté | ........ | .................. |
| Travaille en plaine | ........ | .................. |
| Se couche et rapporte au commandement | ........ | .................. |

Voici la même feuille remplie après le dressage terminé :

## Chenil de « l'Aviculteur »

Mantes (S.-&-O.)

Nom du chien ....... *Dick;*
Sexe et race......... *chien Setter Laverack;*
Signalement et âge... 18 *mois, blue-belton;*
Entré le............. 20 *septembre* 1893;
Propriétaire.......... *M. le comte de S.;*
Dressage à faire...... *rapport;*
Commencé le........ 23 *septembre;*
Caractère............ *craintif;*
Défenses............. *se couche et crie;*
Rendu le............ 25 *octobre* 1893.

---

| | LEÇONS données | DATES de la dernière leçon |
|---|---|---|
| Garde le billot | *IIII....* | 26 Septembre. |
| Prend | *III.....* | 28 » |
| Prend en abaissant | *II......* | 30 » |
| Prend à terre | *II......* | 2 Octobre |
| Ramasse | *II......* | 4 » |
| Va chercher | *II......* | 6 » |
| Billot chargé | *III.....* | 9 » |
| Peau de lapin | *IIII....* | 12 » |
| Pigeon mort | *II......* | 14 » |
| Pigeon vivant | *II......* | 16 » |
| Tous objets ou gibier | *III.....* | 19 » |
| Travaille en liberté | *III.....* | 21 » |
| En plaine | *II......* | 23 » |
| Parfait | *II......* | 24 » |

| | LEÇONS données | DATES de la dernière leçon |
|---|---|---|
| Se couche à la laisse | *IIIIII*.. | 30 Octobre |
| » » en liberté | *IIIII*... | 6 Novembre |
| Au coup de fusil en laisse | *IIII*.... | 10 Novembre |
| Au coup de fusil en liberté | *IIII* .... | 15 Novembre |
| Travaille en plaine | *IIII*..... | 22 Novembre |
| Se couche et rapporte au commandement | *III*...... | 28 Novembre |

Nous avons sous les yeux un carnet de dressage contenant 150 folios remplis ; cela représente une somme de travail peu commune, et si l'on faisait l'addition de la somme de patience dépensée, en regard de chaque petit trait de crayon tracé au bout de chaque ligne, on arriverait à un chiffre invraisemblable.

*
* *

En comparant toutes ces pages, nous avons établi une statistique assez intéressante, portant surtout sur le nombre de leçons nécessaires et sur les aptitudes plus ou moins grandes des chiens, suivant leur sexe et surtout suivant leur race.

Nous avons scrupuleusement relevé le nombre de leçons données par le même dresseur au cours des années 1890, 1891 et 1892, et nous avons fait un classement spécial des chiens et chiennes anglais, et des chiens et chiennes français. Voici le résultat de nos relevés :

Ce dresseur a forcé au rapport au cours de ces trois années, en leur donnant un total de 8,185 leçons, 239 chiens, ainsi divisés :

| | | |
|---|---|---|
| | 62 chiens | anglais. |
| | 42 chiennes | anglais. |
| | 79 chiens | français. |
| | 56 chiennes | français. |
| TOTAL.. | 239 | |

La moyenne des leçons données se répartit comme suit :

| | | |
|---|---|---|
| Chiens anglais | 36 | leçons. |
| Chiennes anglaises | 38 | — |
| Chiens français | 31 | — |
| Chiennes françaises | 32 | — |

D'où il ressort nettement :

1° que les chiens anglais sont plus entêtés, plus nerveux, plus difficiles à rompre, et, partant, moins intelligents que les chiens français ;

2° que chez les uns et chez les autres, la femelle est plus entêtée et par conséquent moins intelligente que le mâle;

3° que cette différence est un peu plus accentuée chez les chiens étrangers que chez nos chiens indigènes.

On peut également en conclure que n'importe quel chien peut être mis au rapport en 35 leçons, par un dresseur connaissant son métier, ou par quiconque voudra se conformer strictement aux principes que nous avons indiqués.

Une statistique basée sur des chiffres de cette importance, donne des résultats qu'il n'est pas possible de discuter, et nous ne pensons pas que jamais, à aucune époque, expérience, d'aussi longue haleine, aussi régulièrement suivie et aussi concluante, ait été faite.

# DE L'APLATISSEMENT.

Quand le cours de rapport est complètement terminé, quand on ne sent plus la moindre résistance, on peut passer à l'école d'aplatissement. Cette seconde partie du dressage est beaucoup moins pénible pour le maître et pour l'élève; il y est plus besoin de patience et de temps que de sévérité. La seule difficulté est de bien faire comprendre au chien, dès le principe, ce qu'on exige de lui.

Pour cela, il faut commencer au calme, et sur le terrain ordinaire des leçons. De même un cheval de troupe, à peine entré sur le champ de manœuvre est tout disposé à se soumettre à des exercices et à se plier à des exigences contre lesquelles ils se révolterait en rase campagne, à moins d'être conduit par la main d'un écuyer consommé; de même le chien amené sur l'emplacement où il a déjà reçu des leçons, où il a dû céder devant l'autorité du maître, comprend qu'on ne l'amène pas là pour son plaisir. Il a l'intuition qu'il va être soumis au travail ; il a le souvenir des moyens de répression employés, il est mieux disposé à l'obéissance.

Comme toujours, et pour le début d'un exer-

Fig. 30. — Chien couché correctement. Type de l'aplatissement correct.

cice nouveau, on procède par la douceur et presque en jouant. On fait coucher le chien en plaçant au besoin tous les membres dans la position réglementaire, le train de derrière posé bien d'aplomb, les pattes de devant bien allongées et le museau appuyé sur le sol entre les pattes. On maintient le plus possible le chien dans cette position, tout en le caressant d'une main et en répétant doucement le mot : Terre.

La correction de l'attitude dans l'aplatissement est d'une importance capitale. On objec-

Fig. 31. — Dresseur baissé, plaçant le chien avec ses mains.

tera que le point essentiel est de faire coucher le chien, et que, pourvu qu'il s'arrête et ne soit plus debout, il ne faut pas lui en demander davantage. On peut, dans le même ordre d'idée, prétendre qu'un soldat pourrait très bien se servir de son fusil sans avoir préalablement décomposé et exécuté automatiquement les mouvements du port de l'arme et de la mise en joue.

Fig. 32. — Chien mal couché, patte repliée.

Cependant, il est démontré que ces épreuves sont indispensables pour arriver à l'exécution correcte et parfaite du mouvement d'ensemble. Il ne faut donc tolérer aucune irrégularité dans la posture du chien aplati, ni la tête soulevée, ni une patte repliée, soit de devant, soit de derrière, ni la gueule appuyée sur une patte, ni le dos courbé. Il faut de toute nécessité obtenir la pose régulière de la figure 30.

Après deux ou trois reprises, le maître cesse de caresser, et restant le plus près possible de l'élève, le menace de la main s'il essaie de se

Fig. 33. — Le dresseur armé du fouet, tenant le chien à deux pas de lui, au bout de la laisse, lève le bras droit et menace le chien qui s'aplatit sous la crainte.

relever. S'il a changé de position, il le remet de

suite en place et reprend l'attitude menaçante.

A chaque reprise, au moindre mouvement, le chien est remis plus vivement en place, et la menace est plus accentuée.

Dès que le dresseur a pu obtenir un peu d'immobilité, il s'éloigne insensiblement d'un pas ou deux, tenant la main haute et fixant le chien dans les yeux. — Il reste ainsi, le plus longtemps possible, réprimant aussitôt toute tentative de mouvement par le mot « Terre » vivement prononcé et la menace du geste. — Plus la position forcée est longtemps maintenue, plus l'animal est vite rompu et plus sa docilité devient complète. — Cependant, le tact du dresseur consiste à ne pas abuser, à sentir quand l'animal, à bout de patience ou de force, va se laisser aller à désobéir, et à devancer l'infraction probable en levant la consigne. L'animal soulagé et récompensé par une caresse est mieux disposé à recommencer que s'il a été grondé après avoir désobéi. Ainsi, le chien ayant fait preuve de soumission par une immobilité assez prolongée, le dresseur doit, au premier mouvement d'impatience, abaisser la main, en prononçant le mot « Allez ». Il donne aussitôt une caresse et laisse quelques minutes de repos.

Il est d'usage chez les dresseurs de grands chenils, et chez les chasseurs de genre, de n'employer, pour conduire leurs chiens, que des mots anglais. — Ainsi la plupart des chiens dressés à se coucher au commandement, n'obéissent qu'au mot *down.* — Nous trouvons que le mot « Terre » est aussi simple à prononcer, qu'il est plus sonore, qu'il a cet avantage d'être français, de pouvoir être répété par tout le monde avec la même intonation, et d'être plus facilement compris du chien à cause de sa sonorité. Nous trouvons aussi que le mot *ici* vaut bien le mot *come,* qu'il est tout aussi simple à prononcer, qu'il frappe aussi bien l'oreille. — Il a peut-être l'inconvénient de ne pas *poser,* mais, pour nous, c'est un avantage que nous recherchons.

*
* *

Ceci dit, reprenons notre leçon laissée à la première partie de la première séance. Cette première partie n'a été pour ainsi dire qu'une démonstration destinée à faire comprendre fa-

Fig. 34. — Le dresseur marchant pour frapper sur le chien mal placé.

cilement la leçon. — Les accessoires indispensables sont le collier de force et toujours le fouet.

Fig. 35. — Chien correctement couché, tenu en laisse à distance par le dresseur, le fouet haut.

Au mot « Terre » bien accentué, est jointe

une légère saccade de collier et le fouet, tenu haut, menace le chien. La corde du collier, passée sous la plante du pied du dresseur, tire ainsi du bas, et maintient la tête de l'animal sur le sol, sans secousse. — Au premier mouvement de corps le fouet menaçant s'abat et frappe au besoin légèrement, en même temps que le mot « Terre » est réitéré.

L'abaissement de la main et le mot « Allez » signalent la fin de chaque exercice comme nous l'avons déjà indiqué. Quelques pas de promenade sont à la fois une récompense et un délassement. A chaque reprise, la durée doit être plus longue et le dresseur, se sentant sûr de la domination qu'il exerce, recule insensiblement en tenant l'animal en respect, à distance, par son regard fixe et son fouet.

Il finit ainsi à la longue, par se reculer jusqu'à une vingtaine de pas, maintenant toujours l'extrémité de la corde du collier en cas de tentative de fugue. Plus il est éloigné, plus la durée de l'immobilité doit être prolongée, — un quart d'heure, 20 minutes même, dans les derniers temps, n'ont rien d'exagéré — plus aussi la correction doit être vive, mais toujours prompte et courte, en cas de faute.

Si le chien, tout en restant immobile, soulève seulement la tête, le dresseur commandera : « Tête », et si la posture régulière n'est pas reprise immédiatement, il s'avancera lentement en répétant son commandement et tou-

Fig. 36. — Chien mal couché, la tête haute.

chera la tête avec la mèche du fouet. — Si cela ne suffisait pas encore, il appuierait fortement sur la tête avec la paume de la main et confirmerait le mouvement par un coup de lanière sur toute la longueur du corps, puis il se reculerait pour regagner son poste primitif et laisserait passer un instant, avant de rendre la liberté en commandant : « Allez ».

Dans cet exercice, il n'y a pas une progression régulière et une augmentation des difficultés comme pour le rapport ; chaque leçon régularise la position, assouplit le mouvement en le faisant exécuter plus rapidement et plus correctement à une distance de plus en plus grande et sur un commandement de plus en plus doux; ce n'est pas une éducation, c'est un assouplissement. A force de répéter le même exercice, il doit se faire sans efforts, machinalement, sans donner lieu à un commandement violent, sous l'influence du regard. Au moindre signe de la main, accompagné d'un léger sifflement entre les dents « pchiiit », le chien doit s'aplatir, tant qu'il est à proximité du dresseur, et sans être tenu en laisse.

Une fois cette soumission complète obtenue sur le terrain de manœuvre, on passe à la promenade sur les chemins et on exige l'aplatissement toujours aussi correct, mais cinq ou six fois seulement en une demi-heure. A chaque séance on s'éloigne davantage du chien avant de lui permettre de se relever, quitte à marcher à reculons en le maintenant par la main levée et en commandant énergiquement « Terre » au moindre mouvement de la tête. On doit ainsi arriver à s'éloigner de cent mètres environ de son chien avant de lui donner l'autorisation de repartir. Si le chien se sentant libre semblait ne pas comprendre et hésiter à s'aplatir, il faut, avant d'insister, passer la laisse au collier et, en cas d'inexécution immédiate du second commandement, le confirmer par un énergique coup de fouet et, au besoin, replacer les membres et la tête dans la position réglementaire comme à la première leçon.

*
* *

Tout allant bien sur le chemin, on passe à la même manœuvre en plaine, en choisissant de préférence, pour débuter, un endroit peu fréquenté par le gibier, où l'élève ne soit pas trop exposé à se laisser entraîner par son instinct naturel.

Pour en arriver à ce point, il n'a guère fallu qu'une dizaine de jours de leçons, quinze au maximum, et, plus on avance, moins il faut exiger l'aplatissement à chaque instant, ce qui paralyserait l'action du chien et finirait par l'empêcher de chasser. Il est bon de lui laisser environ cinq minutes de quête entre chaque exercice, et encore est-il sage de profiter du moment où l'on sent qu'il gagne un peu de terrain et que l'aplatissement est nécessaire, pour modérer sa quête. — Si l'on abusait de l'aplatissement on finirait par avoir un chien ne quittant plus les talons et se couchant au moindre mouvement du chasseur. — Dépasser le but, c'est manquer la chose; autant la quête modérée à volonté est agréable, autant la quête restreinte et annihilée est fastidieuse. L'excès de dressage en ce cas, deviendrait un vice.

Pour arriver à la perfection, et surtout pour obtenir en chasse que le chien ne coure pas au coup de fusil, il est indispensable de compléter le dressage à l'aplatissement à main levée par celui au coup de feu.

## DE L'APLATISSEMENT AU COUP DE FUSIL.

Pour cette dernière partie, le dresseur doit montrer un tact tout particulier, sinon, il s'expose à compromettre toute son œuvre et à faire un rossard du meilleur sujet. Combien voit-on de chiens de grande valeur, surtout parmi les animaux de pur-sang, plus nerveux et plus impressionnables, trembler à la seule vue d'un fusil ou s'enfuir à la première détonation. Cela provient d'un dressage manqué, de la maladresse d'un butor qui a cru faire de l'aplatissement au coup de fusil, et qui n'est arrivé qu'à inspirer la terreur au lieu de soumission. Cela vient aussi d'une trop grande précipitation à dresser un chien trop jeune, qui n'a pas encore pris le goût de la chasse et du gibier.

Chercher à aplatir un chien au fusil avant qu'il ne sache bien ce qu'est la quête, avant qu'il n'ait fait plusieurs arrêts bien sérieux, avant même qu'il n'ait eu quelques pièces sous la dent, est une faute et mieux vaudrait ne jamais lui donner aucun dressage.

Il est de la plus grande importance de ne commencer ce cours que quand l'élève a suffisamment pris goût à la chasse, quand il a pu comprendre qu'un coup de fusil lui a donné l'occasion de tenir à la gueule une pièce de gibier; quand il s'est rendu bien compte que le seul fait de voir son maître décrocher le fusil, a pour conséquence directe une promenade en plaine, et surtout la bonne aubaine de lui mettre un perdreau sous le nez; alors le chien aime le fusil. Rien qu'à sa vue, il témoigne sa joie; la détonation est pour lui un excitant qui le fait tressaillir et lui met l'œil en feu. On peut, dès ce moment, réglementer cette ardeur et la réprimer sans aucune crainte de la voir se transformer en frayeur.

*
* *

La première leçon d'aplatissement au coup de feu demande les mêmes accessoires que la précédente : collier et fouet. Il faut en plus un revolver garni de cartouches à poudre assez fortement chargées pour produire une détonation à peu près équivalente à celle d'un fusil. — Le commencement de la leçon n'est que la répétition du dernier exercice. Après le premier repos, le dresseur, tenant son fouet et la corde du collier de la main droite, et son revolver de la main gauche, se promène en incitant de la voix le chien à chercher autour de lui, puis *simultanément* (le mouvement demande une certaine énergie dans son exécution), il fait feu, se retourne sur le chien en prononçant fortement le mot « Terre ! » et lève son fouet, sans avoir oublié, si le chien ne s'est pas couché immédiatement, de l'aplatir par une vive saccade du collier, et reste dans l'attitude menaçante. — Il met de suite son revolver dans sa poche, pour que le chien ne le considère pas comme un objet servant à le corriger et dangereux pour lui, par conséquent, puis lentement se recule, en maintenant l'aplatissement.

A chaque coup de feu, le commandement par le fouet est moins accentué, il finit même par être supprimé complètement, à moins que le chien n'ayant pas compris, ou essayant plutôt

Fig. 37. — Dresseur tenant le fouet de la main droite et un revolver de la gauche; faisant feu. Le chien, tenu en laisse, s'aplatit.

de ne pas comprendre, cherche à courir au

lieu de s'aplatir. En ce cas, un vigoureux coup

Fig. 38. — Dresseur sans fouet, fait feu de la main droite. Chien, sans laisse, s'aplatit correctement.

de fouet, confirmé par une saccade du collier,

le rappelle à ses devoirs et lui remet en mémoire les bons principes de la première leçon. C'est étonnant de voir, dans ce cas, comme la mémoire revient vite et comme l'intellect s'ouvre facilement.

Quand les cinq ou six cartouches de revolver sont brûlées, la séance a été suffisamment longue, car il ne faut pas perdre de vue que, plus on avance dans l'instruction, plus la durée de l'aplatissement doit être prolongée, mais plus aussi le repos entre chaque reprise doit être proportionné, pour ne pas provoquer la rébellion par la fatigue et la satiété.

Après quelques séances de ce genre le chien doit se coucher au simple coup de revolver même tiré à vingt pas de lui, et rester immobile, tant qu'un signe du maître et les mots « Viens ici » ne l'ont pas délivré.

*
* *

Une fois le chien assez rompu à cet exercice pour qu'il le fasse librement sans l'emploi des moyens coercitifs, il convient encore de parfaire l'éducation par le rapport :

La peau de lapin lancée à la plus grande distance possible, le chien se précipite. Au moment où il revient gaîment, la tenant à la gueule, le dresseur fait feu, et, par main levée, lui fait signe de s'aplatir. Si celui-ci, sous l'empire de la crainte a lâché sa peau de lapin, le dresseur s'approche de lui, doucement, le tenant en respect, de la main, et lui replace la peau dans la gueule avec une légère caresse. Il se recule aussitôt vers la place qu'il occupait, tout en maintenant du geste le chien immobile et le laisse ainsi quelques minutes avant de le délivrer par le mot : « Apporte ».

Cet exercice trouve souvent son application en chasse et rend parfois de réels services. Il constitue la fin du dressage à la maison.

## EXERCICE EN CHASSE.

La première séance en plaine, n'est qu'une répétition générale des leçons données à la maison. Un dresseur ne sort jamais pour chasser; tout, dans sa promenade, est motif à leçon, et, sous aucun prétexte, même devant la pièce de gibier la plus séduisante, il ne doit laisser vagabonder son élève et lui permettre la moindre incartade. Avant de partir, cinq minutes d'ébat sont nécessaires au sortir du chenil, mais, aussitôt hors de la maison, plus de gambades, c'est la soumission absolue qu'il faut exiger. — Pendant toute la traversée du village ou le long de la route jusqu'au terrain d'action, le chien est maintenu derrière les talons et réprimé vivement dès qu'il cherche à prendre les devants.

C'est une habitude qu'il est urgent de lui

inculquer profondément dès le début, car rien n'est plus fastidieux pour un chasseur qu'un chien qui entre dans toutes les cours, s'arrête à tous les coins de rue, effraye les poules ou saute devant son maître en aboyant à gorge déployée ; ce sont là des défauts d'éducation que nous serions tenté de qualifier vices, tant, pour notre compte, ils nous semblent insupportables.

Il y a cependant des chasseurs (ce sont généralement les plus élégants, les mieux guêtrés, les mieux équipés sous tous les rapports), qui se trouvent heureux de constater l'exubérance de joie qu'ils causent à leur chien, d'entendre ces aboiements répétés et de voir ces charges folles poussées à tort et à travers, qui sont une manière canine d'exprimer la gaîté.

Ce sont les mêmes qui reviennent régulièrement bredouille ou le carnier rempli d'une belle poule de ferme ou d'un magnifique canard, que ce farceur de Porthos a happé au passage, et qu'il a fallu payer au triple de sa valeur. Mais comme Porthos était fier de le rapporter ce canard ! — Comme il le tenait délicatement. Oh il ne lui avait presque pas fait mal. — Sans cette mégère de paysanne avec qui l'on n'a pas voulu échanger de gros mots, le canard serait retourné tranquillement plonger dans sa mare; Porthos a la dent si douce! Et quel jarret ce chien! quel nez! S'il était un peu moins fou, s'il était plus docile, s'il s'emballait moins, ce serait un chien extraordinaire. — On ne le donnerait pas pour une somme invraisemblable. — En attendant, Porthos n'est qu'un animal mal élevé, plus nuisible qu'utile à la chasse et sans la moindre valeur.

*
* *

Nous voici donc en plaine avec notre élève qui a cheminé jusque-là derrière les talons. Là, il s'agit de reprendre toutes les leçons dès le principe. A peine est-il éloigné d'une quarantaine de pas, qu'au mot : Viens ici, il doit revenir immédiatement et revenir jusqu'à la main. Souvent, au rappel, le chien revient à une dizaine de pas et reprend sa quête; cela est suffisant quand on chasse sérieusement, mais, au dressage, ce serait une détestable pratique ; il faut exiger le retour jusqu'à la main et sans hésitation.

Cette manœuvre renouvelée le plus souvent possible et à toutes les distances pendant la journée, est commandée même quand le chien *est en action sur une piste*. Les chasseurs amateurs trouveront cette prescription exagérée. Ils soutiendront qu'on doit appuyer son chien quand il rencontre, et plutôt presser le pas pour le suivre que de l'arrêter. Passe en chasse, et encore, car le chien le mieux mis et le plus sûr, doit toujours ralentir son action au commandement; mais le dressage consistant à faire renoncer un animal à son instinct naturel, pour trouver et prendre le gibier pour le compte de son maître et non pour le sien ; c'est l'obéissance passive, absolue, qu'il faut exiger, et il faut justement exercer la domination au moment où instinct, entraînant l'élève, pourrait faire oublier l'esprit de soumission qui lui a été inculqué.

Entre temps, le dresseur fait rapporter la peau de lapin chargée de plomb qu'il a eu soin d'emporter dans son carnier; il ordonne plusieurs fois l'aplatissement à main levée et brûle quelques cartouches à poudre, pour l'obtenir à des distances différentes.

Pour cette première sortie, on a soin de choisir un endroit où l'on sait ne rencontrer que peu ou point de gibier, pour que l'élève ne soit pas distrait et exposé à commettre une faute qu'il serait difficile de réprimer sans nuire à l'effet de la répétition générale des premiers principes, et qu'il serait aussi mauvais de laisser impunie ; ce serait un précédent pour le lendemain. Tant que cette première séance n'est pas tout à fait satisfaisante, il faut la renouveler dans les mêmes conditions avant de passer à la quête et à l'arrêt.

## QUÊTE ET ARRÊT.

La quête est un don naturel chez le chien; le dressage peut la modifier, la réglementer, la développer parfois; il ne la donne pas. Ce qu'on est convenu d'appeler l'élégance de quête est inhérent à la race, aussi bien que la distinction des formes et la régularité des lignes. La quête élégante d'un chien de race, c'est l'allure brillante d'un cheval de pur sang, c'est l'expression de la finesse du nez, comme la rapidité du trot est l'indice de la perfection du système nerveux. Le chien de grande origine n'a pas besoin d'aller traîner son nez dans tous les sillons, de sentir toutes les touffes d'herbes afin de découvrir la présence du gibier, comme le font la plupart des toutous quêtant sous le fusil. Il s'en va le nez haut, prenant le vent, sondant la plaine de son odorat, comme le chasseur de ses yeux.

Sa quête consiste à aspirer l'air en tout sens, à se placer sous l'action du vent pour saisir les plus légers effluves. Pour lui la quête n'est pas la recherche d'un objet, suivant le sens technique du mot, c'est-à-dire qu'il ne cherche pas du nez et des yeux, sur son passage et dans un rayon déterminé et limité par son maître, les traces ou la présence du gibier, c'est (qu'on nous permette cette expression qui nous semble le mieux définir notre pensée) la dégustation par le nez de tout l'air de la plaine qu'il parcourt. La sensation ressentie est-elle vive, le chien marque l'arrêt : est-elle vague, il s'oriente, aspire l'air de toute la force de ses narines, et se dirige droit vers le but d'où l'émanation est venue le frapper. Au chasseur de se laisser conduire en se contentant de contenir l'ardeur de son guide; c'est là le vrai plaisir de la chasse. Mais c'est un plaisir inconnu aux possesseurs de roquets bâtards, toujours aussi surpris que leur maître, quand, à force de tours et de détours dans un champ de 100 mètres carrés, ils ont par hasard mis la patte sur une caille ou sur un lapin.

*
* *

Au premier arrêt que le chien fera dans de bonnes conditions, le dresseur, au lieu de se mettre en garde et de se poster pour bien tirer, placera son fusil sous le bras gauche et, levant la main droite, il commandera à voix basse : Terre! Si le chien a été bien rompu aux leçons précédentes il s'aplatira, doucement, sans quitter l'arrêt. S'il hésitait à se coucher, le dresseur lui toucherait légèment les reins avec le bout du manche du fouet en répétant : « Terre » et en accentuant le commandement jusqu'à soumission, quitte à faire lever la pièce. On maintiendra ainsi l'aplatissement le plus longtemps possible et, au lieu de tirer, au départ du gibier, on se tiendra prêt à asséner au chien un vigoureux coup de fouet, accompagné d'un énergique « Terre, » arrivant tous deux bien en mesure, à la moindre velléité qu'il aurait

Fig. 39. — Le dresseur, fusil sous le bras gauche, main droite levée, fait aplatir son chien pendant qu'il est en arrêt.

manifestée de quitter sa position pour s'élancer sur le gibier. Si le chien n'a pas bougé, on le maintiendra une ou deux minutes encore par la main levée et le mot « Terre » prononcé très bas, puis on le récompensera par une bonne caresse et on le remettra aussitôt en quête.

La vraie quête consistant à prendre le vent, la tâche du dresseur est de toujours maintenir son élève dans la bonne direction. Marche-t-il à bon vent, c'est-à-dire le vent au nez, il excitera le chien à chercher à droite et à gauche pour l'empêcher de trop s'éloigner de lui, certain que son flair saura reconnaître la présence du gibier à distance suffisante. Si, au contraire, il chemine à mauvais vent, le vent au dos, il laisse le chien prendre du terrain droit devant lui, sans cependant dépasser la portée du fusil. A cette distance, il l'arrête d'un commandement doux, signifiant au chien qu'il ne doit pas aller plus loin, mais sans lui imposer le retour immédiat, de façon à le laisser revenir lentement, tout en quêtant et ayant l'avantage du vent pour découvrir la présence du gibier qui pourrait se trouver entre lui et le chasseur. Quand le chien a compris cette manœuvre, on lui laisse gagner une grande distance, l'extrémité du champ généralement, car s'il ne dépassait pas la portée du fusil, cette tactique ne présenterait aucun avantage; elle est au contraire des plus précieuses et des plus intéressantes quand, au retour, le chien tombe en arrêt sur une pièce cernée entre le chasseur et lui. Dans ce cas le coup de fusil est toujours attrayant.

Parfois un jeune chien, entraîné par une pièce qui coule devant lui, se laisse aller à gagner du terrain et, se sentant dégagé de la domination directe de son maître, il en profite pour battre la plaine au galop et faire lever tout le gibier à tort et à travers et hors de portée. — C'est le pire de tous les défauts car il gâte tout le plaisir de la chasse, mais c'est aussi le plus commun. — C'est le défaut de tous les mauvais chiens, c'est celui de tous les bons chiens mal dressés, c'est celui de tous les chiens des mauvais chasseurs.

Dès que le chien est assez éloigné pour ne plus obéir au commandement, simple appel de la voix ou coup de sifflet, le dresseur a recours au principe, et fait coucher l'animal par mainlevée avec un ordre énergique. — Il le maintient ainsi en respect jusqu'à ce qu'il soit près de lui et, après une réprimande, le relance en quête. Si l'élève, ne tenant pas compte de quelques avertissements successifs du même genre, persiste à commettre la même faute, le chasseur s'arrête, exige le retour jusqu'à ses pieds et, à l'aide du fouet, administre une correction exemplaire. En chasse il faut peu battre un chien, mais quand une leçon est nécessaire elle doit rester gravée sur la peau et, par suite, dans la mémoire, sans cela aucun progrès n'est possible, et, à la première occasion, l'élève commet les mêmes fautes sans la moindre appréhension. « Qui aime bien châtie bien, » dit un vieux proverbe à propos de l'éducation des enfants. — Ce dicton est suranné quand il s'applique à des êtres intelligents et raisonnables, et la vieille méthode d'enseignement par le respect et la crainte a fait place à l'instruction basée sur le raisonnement, la confiance et l'affection ; le progrès est incontestable. Mais quand il s'agit de dompter un animal, le raisonnement étant impuissant, le châtiment seul est possible. On peut beaucoup aimer son chien et le corriger de la manière la plus violente pour obtenir de lui la soumission.

Aussitôt après la correction il ne faut pas permettre à l'élève de bouder et de rester derrière les talons, c'est une très mauvaise habitude que les chiens contractent très facilement. On l'incitera de suite à se remettre en quête, et au besoin, une petite caresse l'y décidera. Si, malgré tout, l'ardeur est trop vive, le dresseur devra sentir si son élève est sur le point de succomber à nouveau à l'instinct qui l'entraîne et ne pas laisser renouveler la faute. — Il fera traîner pendant une bonne heure le collier de force avec une corde d'une dizaine de mètres, puis après, pour éviter la fatigue, il se contentera d'attacher seulement le collier sans la corde. La seule sensation des pointes sur le cou suffit, le plus souvent, pour rappeler au chien qu'il n'est pas libre, et le rendre beaucoup plus docile.

Il est rare qu'après quelques jours d'exercice ainsi dirigé, un chien mis jeune au dressage, ne modère pas sa quête au gré de son maître et continue à s'emballer.

Les difficultés sont plus grandes si l'on

s'adresse à des animaux ayant déjà pris de mauvaises habitudes et d'un âge plus avancé. — Le seul moyen, moyen radical il est vrai et combattu par bien des chasseurs, mais à notre avis le seul efficace, est le coup de fusil, surtout si les leçons de l'aplatissement au coup de feu ont été bien pratiquées. — Assurément, il faut du tact pour tirer sur son chien; le plus grand calme est nécessaire, et il faut d'abord avoir l'œil exercé à l'appréciation des distances. — A cent, cent vingt mètres, le plomb porte, mais sans danger et il équivaut à un vigoureux coup de fouet. L'animal sachant qu'il faut se coucher à la détonation, fustigé vivement en même temps, n'a plus aucune velléité de désobéir et s'aplatit.

Ce système a cet immense avantage de faire comprendre au chien qu'il est soumis à son maître, aussi bien à distance que près de lui, et qu'il n'a aucun moyen d'échapper à la correction s'il n'obéit pas.

Un bon dresseur a toujours une cartouche spéciale pour son chien, chargée de peu de poudre et de petit plomb. — Jamais il ne tire en travers ni de face, toujours en queue, de façon que si, par hasard, un plomb avait une plus grande force de pénétration que les autres, il n'y ait aucun danger d'attaquer un organe essentiel. Très partisan de ce système, nous avons déjà brûlé des centaines de cartouches de cette façon et jamais nous n'avons eu le moindre accident.

*
* *

Il ne faut pas perdre de vue que nous touchons au point le plus important et le plus délicat de l'éducation du chien, et le dresseur ne saurait apporter trop d'attention et de tact dans ses commandements. Jusqu'alors tout ce qu'il a exigé était de la soumission, de l'obéissance; il n'a rien demandé de contraire à la nature.

Maintenant il s'agit de réprimer un mouvement instinctif et un sentiment d'autant plus violent et plus impérieux, que l'animal a plus de sang et qu'il possède une plus grande distinction de race. Si le chien développe tant d'activité dans la recherche du gibier, c'est évidem-

Fig. 40. — Chien aplati à l'arrêt, n'ayant pas bougé au départ de la pièce, ni au moment où le chasseur tire.

ment pour en faire sa proie, et le mouvement

le plus naturel, mouvement auquel l'homme lui-même se laisserait aller et qu'il ne contient que par la force du raisonnement, est de courir sus à l'objet convoité, aussitôt qu'il s'enfuit.

Réprimer chez le chien, ce mouvement spontané, c'est plus que de l'obéissance, c'est le renversement des facultés les plus naturelles et les plus développées. Ce n'est qu'à force de patience, de méthode, de fermeté et d'esprit de suite, qu'on peut obtenir ce résultat.

Aussi faut-il bien se garder, même une seule fois, de laisser commettre à son élève, la moindre faute, eût-il, comme excuse, les meilleurs prétextes. Il est cependant bien tentant, quand on sent un lièvre blessé et qu'on le voit sur le point de disparaître au détour d'un bois, de lancer son chien à sa poursuite. Sachez vous maintenir, oubliez le lièvre pour penser à votre rôle de précepteur. Cette pièce perdue sera compensée par bien d'autres que le chien vous laissera, plus tard, tirer sous son nez et que vous n'aurez pas chance de manquer.

Si donc, malgré vos ordres, exactement donnés d'après les principes que nous avons indiqués plus haut, le chien a poussé une pointe intempestive, ne tentez pas une nouvelle épreuve, exigez le retour à vos pieds, le plus prompt possible, administrez une légère correction, pour indiquer la faute, pas trop forte cependant, car l'animal pourrait bien ne pas comprendre encore pourquoi il est corrigé, et attachez de suite le collier de force.

Inutile de laisser traîner une trop longue corde qui restreindrait la quête; cinq ou six mètres sont suffisants. Au premier arrêt, rapprochez-vous doucement du chien en répétant la même manœuvre que précédemment, mais ayez surtout pour objectif l'extrémité de la corde du collier et commencez par bien l'assurer sous votre pied. Là, si vous sentez l'arrêt bien ferme, tâchez de ramasser la corde et fixez-la solidement autour de la botte, puis avancez d'un ou deux pas, de façon que le chien ne se sente nullement tenu et qu'il puisse même avoir un élan assez étendu avant d'être arrêté, puis attendez, sans jamais le précipiter, le départ de la pièce. A ce moment, si le chien, influencé par le collier qu'il sent à son cou, se souvient de la leçon précédente et reste immobile, tirez vite pour ne pas prolonger la tentation; si au contraire il s'élance, concentrez sur lui toute votre attention et disposez-vous à subir le choc que son élan va donner sur la corde fixée à votre jambe.

Plus ce choc est violent, meilleure est la leçon. Au moment où le chien, partant à toute vitesse, est subitement retenu et va rouler à terre s'enfonçant lui-même les pointes du collier dans le cou, le dresseur prononcera le mot « Terre », de façon à ce qu'il reste gravé dans la mémoire, comme les piquants le sont dans la peau, et il s'abstiendra de tirer. Après une minute de silence, il fera venir le chien à lui, donnera une légère caresse et le relancera en quête le plus vite possible. Telle doit être d'ailleurs la conclusion de tous les incidents du dressage, le chien ne devant jamais rester sous l'impression de la crainte et bouder. Il faut qu'il chasse bon gré mal gré, et, suivant son caractère, force ou douceur doivent l'y contraindre.

La même leçon se répète invariablement, sous la même forme, jusqu'à ce que le chien l'ait suffisamment comprise, pour n'avoir plus la moindre velléité de happer au départ le lapin ou la caille et que, de lui-même, il s'aplatisse comme renversé par le gibier qui s'enfuit.

Alors seulement le collier de force est retiré; mais pendant longtemps encore, il est remplacé par le collier ordinaire auquel pend une corde de quelques mètres, sur laquelle, par précaution, et pour le cas où une fois la tentation serait trop forte, le dresseur met le pied, dès que l'occasion s'en présente.

Bien des chasseurs s'estiment satisfaits si leur chien n'a fait que deux ou trois pas après l'arrêt et ne s'est pas emballé. Nous trouvons cela tout à fait insuffisant. On fait deux pas aujourd'hui, demain on se lance complètement, et juste assez pour empêcher de tirer ou pour recevoir le coup en pleine tête. Avec les animaux les demi-mesures ne sont pas possibles. Il faut exiger l'aplatissement au départ de chaque pièce; c'est un mouvement bien net et bien défini, toujours le même, produit par la même cause, que le chien prend l'habitude d'exécuter, comme il aurait pris l'habitude de pousser une charge, s'il avait été livré à lui-même.

A la longue, le mouvement se fait tout naturellement et le chien serait, par hasard, seul dans la plaine, chassant sans son maître, qu'il se coucherait régulièrement au départ de toutes les pièces qu'il arrêterait.

## DU MASQUE.

Malgré toute la valeur pratique des conseils que nous venons de donner, beaucoup de chasseurs n'ont ni le temps, ni la patience nécessaire pour parfaire le dressage de leur chien et, cependant, ils voudraient bien que leur plaisir de la chasse ne fût pas gâté par un animal ahuri, qui se croit à tâche pour faire lever tout le gibier de la plaine hors de portée, et semble s'imaginer qu'il n'a d'autre mission que d'assurer la bredouille à son maître.

Pour ceux-là, il est un moyen bien simple de dompter le chien le plus fougueux et d'entrer, séance tenante, en chasse régulière, sans recourir aux cris et aux voies de fait; c'est d'employer le masque.

Le masque est une sorte de casquette de cuir, à visière allongée, un peu dans le genre de celle des képis de nos officiers, mais de dimension encore exagérée.

Quand le chien à la tête ornée de ce couvre-chef, il a les yeux presque complètement cachés, et ne peut voir que dans la direction du

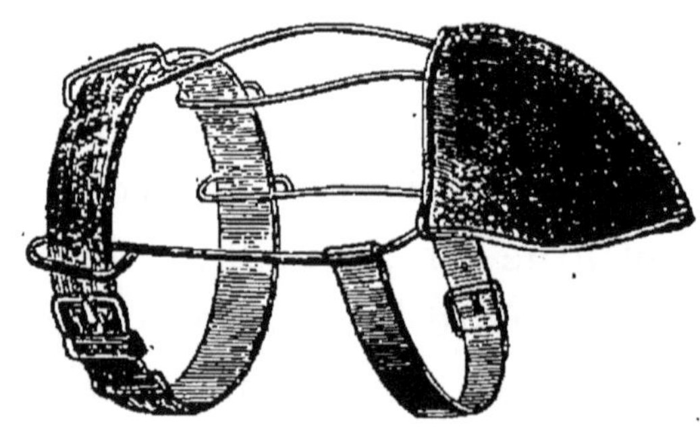

sol, à un mètre devant lui environ, juste assez pour se conduire, mais il ne peut rien voir de ce qui se passe au loin, ni en l'air, ni même autour de lui. Ainsi paralysé dans ses moyens d'actions, le chien doit forcément cesser de chasser avec ses yeux, et se contenter de son seul nez, comme guide. Un perdreau se lève-t-il devant lui, il le perd de vue immédiatement et ne pense même pas à le poursuivre. On ne manquera pas d'objecter que l'animal ainsi contenu ne chasse plus et devient inutile. Nullement. Cela peut être vrai pendant une heure ou deux; mais peu à peu il retrouve toutes ses qualités et n'est privé que de ses défauts.

Pour que l'emploi du masque ne soit pas un ennui pour le chasseur, il faut l'avoir expéri-

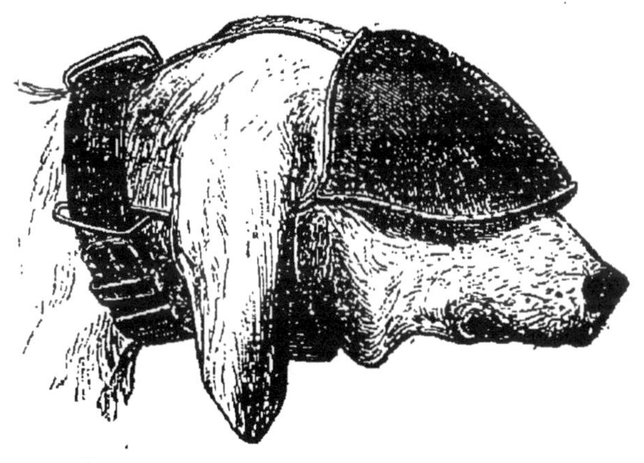

menté la veille ou consentir à perdre les deux premières heures de chasse.

La première fois que l'on coiffe un chien du masque, cela produit à peu près le même effet que la première fois qu'on lui met une muselière. Il cherche à le retirer avec ses pattes, se roule, se frotte la tête contre les jambes de son maître, arrive même parfois à des crises de désespoir assez drôles, puis, quand il a bien essayé tous les moyens possibles, et qu'il a reconnu son impuissance à se débarrasser de cet engin — cela dure environ une demi-heure — il se décide à suivre son chasseur derrière les talons, non sans toutefois passer le museau de temps en temps entre ses jambes pour tenter encore d'ôter sa gênante coiffure. Peu à peu, le masque n'imposant aucune gêne réelle, le sentiment de la chasse, un moment oublié, reprend ses droits et le chien suit tout naturellement, avec son nez, la première émanation qui le frappe et dont le gibier a laissé la trace sur la terre. Si l'on a la chance, à ce moment, de tomber sur une piste fraîche, sur une compagnie de perdreaux qui vient de s'enlever ou qui piète, le chien reprend son allure ordinaire et se met à chasser avec son nez seul, aussi gaiement que s'il disposait de ses yeux pour le seconder. A la première occasion, il marque l'arrêt tout aussi sûrement, et la pièce est à l'essor depuis longtemps, souvent même elle est tirée, avant que Tom qui ne voit pas plus loin que le bout de son nez — c'est le cas ou jamais d'employer cette locution consacrée — ait fait un mouvement.

Si parfois le chien, emporté par sa fougue

naturelle, ou plutôt par son affolement ordinaire en présence du gibier qui s'enfuit, a perçu, par le bruit seulement, le départ de la pièce, et s'élance à sa poursuite, il ne tarde pas à trouver devant lui, soit un fossé où il culbute, soit un arbre, soit une cépée et, corrigé *ipso facto*, il revient au moindre rappel et réfléchit une autre fois, avant de s'élancer ainsi à l'aveuglette.

La soumission, la souplesse et la docilité que l'on obtient ainsi du pointer le plus indomptable, valent bien la peine de sacrifier les deux premières heures de temps, d'autant plus que le lendemain il se met gaiement en chasse, immédiatement, sans même prendre garde à son masque. Quand on chasse au bois, pour éviter que le chien ne se heurte à chaque instant dans les branches, on desserre un peu la visière, de façon à laisser la vue libre à hauteur de la tête. Cela suffit pour qu'il marche librement, mais il se sent encore assez dominé pour ne pas piquer de pointes intempestives, et pour permettre au chasseur de tirer un lapin ou un lièvre sans crainte d'accident.

Au résumé, le masque n'est pas un instrument

de dressage, mais son emploi est un moyen sûr et pratique et surtout peu dispendieux, de pouvoir en tout temps faire une agréable partie de chasse avec un chien sans valeur, ou de ne pas gâter un bon sujet, quand on ne chasse pas assez souvent pour l'entretenir.

Chacun sait que le chien le mieux dressé, tant qu'il n'a pas 6 ou 7 ans, s'il n'est pas soumis à un entraînement régulier, surtout si son maître n'a que le goût de la chasse sans avoir le sentiment du dressage, ce qui est le cas de la grande majorité des chasseurs, se laisse aller à toutes les folies de jeunesse, surtout en présence de mauvais exemples. Et plus l'animal est ardent, plus il provient de famille de sang généreux, plus il a de valeur pour ses qualités propres, plus il sera enclin, s'il ne sort qu'une ou deux fois par mois, à oublier tous les principes du dressage et à commettre les fautes les plus désagréables.

L'usage du masque est tout indiqué dans ce cas, et il suffit d'avoir vu une fois seulement les résultats qu'on en peut obtenir, pour l'adopter.

*
* *

Et maintenant que nous avons indiqué tous les moyens pratiques d'obtenir le rapport, l'aplatissement, la soumission complète, aussi bien chez les chiens de pur sang que chez les toutous les plus ordinaires, nous dirons aux chasseurs : Vous qui croyez aimer la chasse, qui consacrez à ce plaisir une partie de votre temps et de votre fortune, vous ne jouissez ni de la chasse, ni des puissantes satisfactions qu'elle peut donner, parce que vous avez de mauvais chiens, mal dressés, n'obéissant qu'à leur instinct de bête à peu près sauvage, et ne devenant vos auxiliaires que quand le hasard fait coïncider leurs intérêts avec les vôtres. Cherchant tous deux à attraper un lièvre, tant mieux si, grâce à votre habileté, vous l'atteignez le premier; mais souvent le chien vous devance dans cette lutte pour la curée chaude, et il se trouve ainsi prendre le pas sur vous. Ce n'est pas ainsi que doit se comprendre la distraction d'un raffiné, d'un délicat. Entre l'homme et la bête, pas de rivalité possible. Il faut que l'animal soit l'instrument docile, souple, malléable aux mains du maître intelligent, sachant imposer sa volonté et, par sa seule force, transformer l'instinct du chien au point d'en faire un auxiliaire et un compagnon, de lui transmettre, pour ainsi dire, par une sorte d'hypnotisme, une partie de son intelligence, et d'en transformer la nature jusqu'à lui faire renoncer à ses goûts propres pour satisfaire les vôtres avant eux.

Alors ceux qui aimaient la chasse, sans avoir goûté toutes les satisfactions que peut donner un chien parfaitement dressé, en auront la passion, car nulle sensation n'est plus franchement saine, plus vive, plus naturelle à l'homme, que celle de la solitude au milieu des plaines ou des bois, avec la conscience d'une puissance morale absolue, d'une autorité sans limite, traduite par l'obéissance passive du chien, de l'indépendance et de la force représentées par le fusil qu'on a dans les mains.

Et pour cela, chasseurs, pour ressentir ces impressions, pour obtenir ces joies, faites du dressage; mais n'oubliez pas qu'en plus des termes techniques et des moyens pratiques de coercition, il faut du tact et de la volonté. Il ne suffit pas de dire à son chien : Apporte! il faut vouloir qu'il rapporte. — C'est ce sentiment de la volonté qui constitue le dresseur, et ceux qui sont dignes de ce nom sont malheureusement bien rares.

## UN COMPLÉMENT PRATIQUE

### DU DRESSAGE

---

# LA CASTRATION DES CHIENS

Il est de ces usages qui se perpétuent sans qu'on sache pourquoi, et on est tout étonné, un beau jour, de se rendre compte qu'une pratique opposée serait de beaucoup préférable. De ce nombre, est l'habitude de conserver intacts tous les chiens, qu'ils soient de garde, de chasse ou d'agrément, alors que l'on trouve un avantage incontesté à la castration de presque tous les animaux domestiques.

Le chien castré perdrait son énergie, son ardeur, son flair, son intelligence même. Comme gardien, il ne saurait plus distinguer l'ami de la maison du rôdeur en guenilles, et ses crocs seraient comme émoussés par l'opération. En chasse, toute la nervosité du jarret aurait disparu, le nez serait atrophié, l'arrêt n'aurait plus cette fermeté si caractéristique qui fascine le gibier et le maintient immobile malgré le danger qui le menace et dont il se rend assurément compte; l'arrêt serait mou, sans volonté, sans influence communicative, et les lapins feraient sans vergogne un pied de nez avec leur queue, au triste sire dont la mine patibulaire ne saurait leur en imposer. Le chien castré deviendrait promptement lourd, empâté dans ses formes, sans expression dans la physionomie et ne serait plus bon qu'à garder le coin du feu avec un poil doux et brillant. Il deviendrait, pour certains pays, un animal comestible; ce ne serait plus, ni un gardien, ni un compagnon, ni un auxilliaire en chasse.

Et sur quoi toutes ces belles raisons sont-elles basées? Sur des on dit, tout simplement, et personne, parmi les auteurs et les amateurs qui les déduisent avec le plus d'aplomb et d'autorité, n'a fait d'expérience pratique capable de déterminer nettement la différence d'aptitudes entre deux sujets de même âge, de même race, ayant même entraînement et même dressage, dont l'un serait hongre et l'autre entier.

Les éléments de comparaison n'existent même pas, car le chien castré est inconnu ou à peu près. Cela est assez curieux dans un pays où le cheval entier tend de plus en plus à disparaître. On n'en trouve plus un seul dans l'armée, depuis la suppression des chevaux arabes; les grandes administrations, qui les recherchaient autrefois, les éliminent peu à peu et arrivent à n'en plus acheter, parce qu'elles trouvent dans les chevaux hongres un service aussi bon, aussi régulier, aussi résistant, en supprimant tous les ennuis, tous les accidents et toutes les difficultés de service causées par les chevaux entiers.

On en arriverait vite aux mêmes pratiques avec les chiens, si les vieux préjugés étaient détruits, et, pour cela, il suffirait de démontrer l'évidence par quelques expériences; il suffirait de quelques chasseurs à la mode partant en chasse avec des chiens hongres parfaitement dressés et attirant l'attention par leur souplesse, leur docilité et leur endurance à la fatigue. L'exemple serait vite suivi.

Il n'est pas un chasseur qui ne préférerait une chienne à un chien, n'était l'inconvénient des folies, inconvénient qui, dans certains cas, devient un désastre; mais, à part cela, combien plus de souplesse de caractère, de douceur dans l'allure, avec une égale finesse de nez et autant, si ce n'est plus, de résistance à la fatigue. Eh bien, avec des chiens hongres, on aurait des chiennes sans folies, ce serait le rêve, pour un chasseur. Et l'on se prive d'un instrument aussi utile et agréable, pour cette unique raison que ce n'est pas l'habitude.

O routine, que de bévues commises en ton nom, que d'ennuis supportés patiemment pour te rendre hommage?

Nous chassons depuis trois mois avec un chien de quatre ans, castré dès le jeune âge; jamais nous n'avons eu plus agréable compagnon. Il est fin, découplé, élégant de formes, revient après une journée entière de chasse, sans témoigner la moindre fatigue et recommence gaiement le lendemain; son arrêt sur le poil et sur la plume est aussi ferme que celui du meilleur pointer et, pour un braque ordinaire, sa finesse de nez est plutôt au-dessus de la moyenne. Sa quête est active, vive, élégante, et il rapporte d'une façon irréprochable.

Nous ne pensons pas qu'on puisse demander rien de plus à un chien, et cependant il possède encore ce que tous les autres n'ont pas : il peut se trouver avec ses camarades de chasse sans gronder, sans disputer et sans s'adonner à toutes ces pantomimes si désagréables entre chiens, enfin, et ce qui n'est pas un moindre avantage, il reste insensible aux charmes de toutes les chiennes qui pourraient folichonner autour de lui. Et cependant, à première vue, il ne diffère en rien des autres chiens.

Il faudrait, pour propager la mode des chiens castrés, prêcher d'exemple, et que quelques amateurs vinssent démontrer, par l'évidence, qu'ils ne perdent rien de leurs qualités en chasse. Le moyen serait simple : il faudrait, pour que l'exemple fût plus frappant, opérer sur des chiens de race pure; par exemple, choisir une portée de pointers et une portée de setters, et, dans chacune, prendre au hasard la moitié des mâles et les castrer. Puis les confier tous au même garde, qui les soumettrait au même régime et leur donnerait le même dressage et le même entraînement. Quand les chiens auraient atteint l'âge adulte, c'est-à-dire 15 ou 18 mois, on pourrait les comparer dans un concours public et l'évidence éclaterait aux yeux de tous. La Société canine pourrait prendre l'initiative d'une telle expérience, qui serait appelée à rendre de bien grands services aux chasseurs.

A part la question d'utilité, il y aurait, dans l'adoption de la mode des chiens castrés, une question de bien plus haute importance : celle de la suppression de la rage.

En effet, la cause principale, unique même, de la rage, en dehors de celle communiquée par inoculation, est l'excitation génésique; *sublatâ causâ tollitur effectus,* et couper le mal dans sa racine serait le meilleur moyen, sinon de supprimer radicalement, au moins d'atténuer très sensiblement la rage.

Chasseurs, qui aimez à conserver vos chiens,

qui voulez chasser tranquillement en tous temps, sans ennuis, essayez notre méthode. L'expérience est facile et peu coûteuse et vous vous féliciterez de l'avoir tentée.

# ÉLEVAGE DES FAISANDEAUX

---

Avec de bons œufs, la production des faisandeaux est chose facile; que l'incubation se fasse sous des grosses ou des petites poules ou dans des couveuses artificielles, l'éclosion présente rarement des accidents sérieux; toutefois, la moyenne des poussins produits dans les couveuses dépasse de 25 0/0 celle des poules. Cette différence, en faveur de l'incubation artificielle, beaucoup plus sensible quand il s'agit d'œufs de faisans, que quand on opère avec des œufs de poules, s'explique facilement par la délicatesse du faisandeau. Au moment de la naissance, c'est presque un oiseau, si petit, si frêle, si peu résistant, que le moindre mouvement d'une poule suffit pour l'écraser, à moins que celle-ci n'appartienne aux petites races naines des Bantam, des Nangasaki, ou analogues. Une poule de ferme, une cochinchinoise, dans l'exagération même de sa sollicitude maternelle, écrase la plupart des faisandeaux au sortir de la coquille, par la simple pression de ses ailes et par sa seule assiduité à s'appliquer sur le nid. La machine, au contraire, prodiguant la même chaleur, développant pour les œufs le même empressement maternel, empressement qui se résume en une température toujours régulière, laisse aux nouveau-nés toute liberté de mouvement. Aucune pression irraisonnée et intempestive, en dépit de la bonne intention, ne comprime leurs efforts au moment où ils se débarrassent de leur coquille; la nature opère seule, et son œuvre s'accomplit sans entraves.

Combien de poules ne voit-on pas, et ce sont toujours les meilleures mères, qui, au moindre cri perçu sous elles, s'agitent sur leur nid, gloussent, piétinent, s'aplatissent, puis se relèvent pour constater la présence d'un nouveau venu; chaque mouvement de patte fait une victime; et quand l'éclosion est terminée, elles reprennent leur assiduité et leur calme; rien ne bouge plus sous leurs ailes, toute la nichée est écrasée, avant même d'avoir vu le jour. Les faisandiers connaissent ce désappointement et ce n'est pas, pour eux, un des moindres écueils de l'élevage; aussi sont-ils tous d'accord pour rejeter les poules et adopter les couveuses artificielles.

*
* *

A peine éclos, les faisandeaux demandent à manger un peu plus tôt que les petits poulets; ce qu'ils consomment est insignifiant; il faut cependant y pourvoir une dizaine d'heures après qu'ils ont été retirés de la couveuse. Ce premier repas, ou plutôt ce premier essai d'alimentation, consiste simplement en un peu de mie de pain bien rassis, émietté aussi fin que possible, que l'on laisse tomber sur les faisandeaux et qu'ils cherchent à ramasser sur le dos les uns des autres. Les plus forts, et ceux dont l'appétit est le mieux ouvert, trouvent ainsi moyen d'absorber l'équivalent d'une grosse tête d'épingle, c'est un début qui sera vite suivi d'une consommation plus sérieuse.

Les repas suivants, jusqu'au troisième jour, consisteront en mie de pain rassis, en œufs durs, blanc et jaune ensemble, et en salade, laitue de préférence, hachés fin, mélangés et passés dans une passoire, de façon à ce qu'il ne reste aucun gros morceau d'œuf, de pain ou de salade. Dès le troisième jour, on peut ajouter à cette pâtée toujours aussi soigneusement confectionnée, quelques œufs de fourmis. Mais l'œuf de fourmi, si commun dans certains endroits, est introuvable ailleurs, même à prix d'or, et il faut y suppléer par des équivalents riches en principes azotés, tels que le sang de bœuf cuit conservé en boîtes. Il ne faudrait pas songer à employer le sang pur et frais, dont l'emploi est répugnant, qui teint tout en rouge et dont les animaux, jeunes ou adultes, se montrent d'ailleurs peu friands. De plus, il est encore plus difficile de se procurer du sang frais que des œufs de fourmis. Il faut donc avoir recours au sang desséché, ou bien plutôt au sang conservé en boîtes soudées, qui est de beaucoup préférable, parce qu'il n'a subi aucune évaporation par la dessiccation et qu'il contient tous les mêmes éléments qu'à l'état frais. Pour les premiers repas, ce sang conservé s'ajoute à la pâtée de mie de pain, d'œufs et de salade, dans la proportion de dix pour cent de son poids environ; puis, chaque jour, on augmente progressivement la dose, pour arriver à mélanger à la pâtée vingt pour cent de sang conservé. Quelques grains de millet blanc, jetés dans le sable qui garnit le fond de la boîte à élevage, sont toujours accueillis avec satisfaction, mais il n'en faut pas abuser.

Si l'on a pu se procurer des œufs de fourmis, il faut se garder pendant les huit premiers jours, de distribuer pêle-mêle, œufs, brindilles et fourmis vivantes; les fourmis piquent les faisandeaux aux pattes, au bec, aux yeux et les font souffrir. Il est facile de supprimer les fourmis en passant au four la fourmilière telle qu'elle a été récoltée au bois; cela a cependant l'inconvénient de donner aux larves une certaine cuisson qui dénature un peu leur valeur nutritive. Il est préférable de trier les larves, ou, ce qui est beaucoup plus vite fait, de les faire trier par les fourmis elles-mêmes.

Ce moyen est des plus simples. On rapporte pêle-mêle dans un sac, fourmis, larves et brindilles telles qu'on les a récoltées au bois, et on vide le tout dans un récipient en zinc d'assez grande capacité, vieux réservoir hors de service, ancienne baignoire ou analogue et, au moyen d'un morceau de craie ou de blanc d'Espagne, on trace un gros cercle à quelques centimètres du bord; c'est ce qui servira à enfermer, mieux que n'importe quel couvercle, les fourmis dans le récipient. Toutes monteront le long de la paroi; mais arrivées au cercle blanc, elles dégringoleront les unes après les autres sans qu'une seule parvienne à le franchir. La fourmilière ainsi enfermée, on prendra un pot à fleur, dont on fermera l'orifice au moyen d'un papier ou d'un linge fixé autour avec une ficelle, puis on posera ce pot au milieu des brindilles en l'enfonçant de moitié de son épaisseur, de façon que le petit trou du fond se trouve juste au niveau du dessus de la fourmilière. Au bout de quelques minutes on verra toutes les fourmis, portant chacune un œuf dans leurs pattes, se diriger vivement vers le pot à fleur et, passant par le petit trou, aller déposer au fond de cette caverne improvisée, leur précieuse larve. Une heure après le pot sera suffisamment plein pour que l'on puisse faire une large distribution aux faisandeaux.

*
* *

A huit ou dix jours, les jeunes élèves ont assez de force pour tuer ou tout au moins pour étourdir une fourmi d'un coup de bec, et il n'est plus besoin de tant de précautions; on distribue ce qu'on a trouvé au bois, et ils font eux-mêmes le triage de ce qui leur convient.

Dans tous les pays où l'on s'occupe d'élevage de faisans, aux abords des grandes faisanderies, les fourmilières ont été tellement recherchées, qu'elles ont été détruites à la longue, et qu'on en chercherait vainement trace à présent; c'est donc sur le sang conservé qu'il faut compter dans la majeure partie des faisanderies, et, d'après les expériences faites sur des milliers de sujets l'année passée, les résultats sont exactement les mêmes. Au domaine de *** où l'on élève chaque année plus de 10,000 faisans, le sang de bœuf conservé en boîte est employé exclusivement depuis l'éclosion jusqu'à la mise en liberté.

Dès que les faisandeaux commencent à s'emplumer, on ajoute à leur pâtée un dixième environ d'oignon haché très fin, et on commence à faire des distributions de sarrazin et de petit blé de bonne qualité. La consommation de verdure devient alors considérable ; des salades entières sont suspendues dans les parquets, à l'aide d'une ficelle, à vingt centimètres du sol et disparaissent en quelques instants. A ce moment les faisandeaux sont sauvés et bons à lâcher progressivement au bois, si on les a élevés en forêt en vue du repeuplement.

Si on doit les conserver en parquets, on supprime peu à peu la pâtée, en la prolongeant toutefois le matin le plus longtemps possible, et on ajoute à la ration de grain un peu de chènevis, en prodiguant toujours la verdure à discrétion.

*
* *

C'est à ce moment, vers l'âge de deux mois et demi à trois mois, qu'apparaît parfois une maladie terrible, localisée heureusement, dans certaines contrées : le ver rouge. Cette maladie, connue de tous les faisandiers, est contagieuse au premier chef, et décime parfois tout un élevage. C'est un petit ver rouge, fin et assez long, qui s'installe dans la gorge du faisandeau, y pullule et finit, en envahissant toute la trachée, par étouffer l'oiseau. Le faisan atteint commence par tousser, s'efforçant de rejeter, en secouant la tête et en émettant un son guttural assez prolongé, ce qui l'empêche de respirer. Plus tard, la suffocation arrivant, il ouvre à chaque instant le bec, en allongeant le cou; il cherche à boire souvent, et c'est en buvant qu'il dépose dans l'abreuvoir des germes du mal qui l'obsède, et qu'un autre viendra prendre après lui; la contagion est fatale et d'une extrême rapidité.

Jusqu'à présent, les faisandiers les plus experts, les vétérinaires, les savants, même les plus adonnés à l'étude des microbes, avaient été impuissants contre ce parasite dont les victimes se comptaient chaque année par milliers. Nous croyons cependant que le ver rouge est à l'apogée de sa carrière et que bientôt il aura vécu, ou que du moins, s'il persiste à vivre, ce qui n'est pas douteux, on aura trouvé un moyen sûr et facile de le tuer. Un des principaux faisandiers chefs de France, nous pourrions dire le plus important, s'est mis à étudier avec acharnement la maladie du ver rouge qui lui avait enlevé plus de 5,000 élèves en quelques semaines, et, basant ses expériences de traitement sur les données les plus récentes de la science, il est arrivé à des résultats tellement inespérés, qu'il répond de ne plus perdre un seul malade, à moins que celui-ci ne soit arrivé à la période de suffocation. C'est une perspective de plusieurs millions économisés chaque année aux éleveurs de faisans.

Le traitement, aussi simple que rationnel, nous a été expliqué dans tous ses détails, et nous avons été gracieusement convié à assister à des expériences qui ne peuvent laisser aucun doute sur leur entière efficacité.

Voici comment on procède : Deux fois par jour chaque garde se promène, muni de son épuisette au milieu de ses élèves, et, tout en distribuant quelques friandises et en sifflotant pour les attirer, il saisit tous ceux qu'il entend tousser ou qui lui paraissent boudeurs et les emmène à l'infirmerie. Il peut chaque jour en ramasser ainsi une soixantaine. Sa chasse faite, il prépare une fumigation. — La fumigation qui a été faite devant nous, dans tous ses détails, est organisée dans une petite cabane roulante de $1^{m},50$ de long, sur $0^{m},90$ de large et 1mètre de hauteur. Le fond de la cabane est élevé à 1 mètre du sol environ, pour être bien à hauteur de l'opérateur. La cabane est munie à l'avant de deux petits carreaux et à l'arrière d'une porte vitrée, pour permettre de bien distinguer tout ce qui se passe à l'intérieur. Elle est entièrement blindée en zinc. Au fond, et près de l'entrée, une sorte de bassin recouvert d'un grillage, au fond duquel on place un réchaud, lampe à alcool ou à pétrole, au-dessus duquel vient bouillir une casserole remplie d'acide phénique. Une fois le tout préparé, on place les cinquante ou soixante faisans dans la cabane ; on ferme hermétiquement les portes, et, au moyen d'une petite ouverture ménagée au-dessus, on allume le réchaud. Aux premières émanations, les faisandeaux semblent ahuris, puis ils courent, se blottissent effarés dans les coins, ils bâillent, tombent sur le côté comme suffoqués, puis se relèvent et restent anéantis.

Quand la fumée devient plus intense, ils semblent plus calmes, et se massent dans les coins. Enfin au bout de vingt-cinq minutes, quand la fumée devient telle qu'il est presque impossible de rien distinguer, ils chancellent et tombent; ce serait pour toujours si l'on ne se hâtait d'ouvrir aux premiers symptômes de suffocation définitive.

En mettant le nez à la porte, après quelques instants d'ouverture, nous nous demandons comment un oiseau, surtout si jeune, a pu résister à semblable atmosphère, et cependant on les dépose à terre et immédiatement ils prennent leur vol ou marchent librement.

La fumigation terminée, le faisandier a fait devant nous l'autopsie d'un des sujets. Il avait dans la trachée deux vers rouges, accouplés tous deux, d'assez jolie dimension. Mis dans l'eau, ces vers étaient complètement inertes; ils étaient bien et dûment asphyxiés, et nul doute que le faisandeau qui les possédait, s'il n'avait eu la malchance de servir de pièce à conviction, les aurait facilement expulsés seul et aurait recouvré la santé.

Presque toujours une seule fumigation suffit;

cependant, quand le mal n'est pas pris au début, quand les vers sont assez nombreux pour former pelote, ceux du centre de la pelote se trouvent protégés par leurs congénères contre les émanations délétères de l'acide phénique, et ce n'est qu'une deuxième et parfois une troisième fumigation qui les atteint. Le traitement à appliquer est facile à distinguer, d'après le degré d'affaiblissement et de gène du malade. Dans ce cas, au lieu de le lâcher immédiatement après la fumigation, on le réintègre à l'infirmerie jusqu'au lendemain.

Voilà un traitement à la fois simple, pratique et peu coûteux, dont la vulgarisation pourra sauver des milliers de faisans. Il pourra s'appliquer, dans bien des cas, aux volailles qui, elles aussi, sont souvent atteintes du ver rouge. Il n'y a pas de raison pour que, par extension, il ne combatte aussi la diphtérie, et ne devienne d'une application commune dans toutes les basses-cours.

# LES PERDREAUX

## LEUR ÉLEVAGE. — LEUR ENTRETIEN.

---

Il semble que chaque année les couvées de perdreaux soient plus nombreuses dans les prairies.

Est-ce un fait réel, ou n'est-ce qu'une remarque plus suivie qu'autrefois, parce qu'on s'émeut davantage de la perte d'une couvée, ou parce qu'on se préoccupe bien plus de la sauver et de l'élever? Ce dernier cas est plus vraisemblable. Cependant, il ne nous semble pas impossible que les perdrix fassent moins leur nid dans les blés qu'elle ne le faisaient autrefois, et qu'elles choisissent de préférence les sainfoins et les luzernes. Et la raison de cette modification dans les mœurs de l'oiseau nous semble assez facile à expliquer. Tous les animaux d'une même espèce n'ont pas tous absolument les mêmes goûts, ni les mêmes tendances. Dans les perdrix, par exemple, les unes recherchent la plaine, d'autres les coteaux, d'autres le voisinage des bois. Il peut y en avoir dans ces diverses variétés qui préfèrent, pour établir leurs nids, l'abri touffu et fin de la prairie à celui clair à sa base et élevé des champs de seigle et de blé, et il est bien certain que toujours les mêmes familles établissent leur nid dans les mêmes conditions. Or, depuis qu'on s'occupe activement de l'élevage du gibier pour le repeuplement, ce sont toujours les nichées trouvées pendant la coupe des foins qui sont recueillies, élevées avec soin en volières et lâchées plus tard au moment de la ponte. Les perdrix, au contraire, qui ont niché dans les blés, que l'on considère comme sauvées et destinées à peupler la plaine, deviennent à la veille de l'ouverture, la proie des braconniers ; souvent des compagnies entières tombent dans leurs filets, sans qu'une seule puisse échapper.

Le repeuplement est donc bien plutôt dû, depuis quelques années, aux couvées ramassées par les faucheurs, qu'à celles qui se sont élevées en liberté; par conséquent, il ne serait pas surprenant que, cette variété prédominant, il y eût aujourd'hui plus d'œufs détruits dans les foins qu'il n'y en avait autrefois.

C'est aux chasseurs à tirer parti de cette dernière ressource qui leur reste, et à employer les moyens les plus pratiques pour mener à bien l'élevage assez délicat des jeunes perdreaux.

Nous ne parlerons pas de l'incubation. Tout le monde est unanime à reconnaître que la couveuse artificielle donne sur ce point les résultats le plus complets. — Au lieu de courir par tout le village chercher une poule que l'on ne trouve pas, ou d'en trouver une trop lourde ou trop farouche, qui en un instant a écrasé tous les œufs, il est bien plus simple d'avoir sa couveuse constamment chauffée pendant toute la saison des foins, et d'y placer les œufs au fur et à mesure qu'on les rapporte des champs.

Quelle que soit la durée de l'incubation qu'ils aient déjà subie dans la plaine, si les œufs n'ont pas eu plus de cinq à six heures de refroidissement, ils éclosent tous sans exception, et les petits naissent aussi vigoureusement que sous leur propre mère.

L'élevage du premier âge n'est pas celui qui présente le plus de difficultés, chacun a des boîtes à élevage plus ou moins perfectionnées, et, pourvu qu'on évite les excès de chaleur, la nuit surtout, les premiers jours se passent sans encombre.

Toutes les boîtes à élevage sont à peu près fabriquées sur le même modèle : une caisse de forme rectangulaire, formant deux compartiments; un petit, dans lequel est enfermée la poule; un grand, servant de promenoir aux poussins; le tout recouvert d'un double toit de grillage et de verre. Les meilleures et les plus perfectionnées sont celles qui, tout à la fois solides et légères, peuvent se transporter facilement d'une place à une autre, dont toutes les parties sont mobiles et se démontent sans difficulté pour permettre un nettoyage rapide et fréquent; enfin celles qui s'appliquent indifféremment aux poules et aux éleveuses artificielles.

*
* *

Ceci posé, prenons le petit perdreau dès sa naissance et examinons tous les soins qu'il convient de lui donner, jusqu'au jour où il sera assez fort pour être livré à lui-même et mis en liberté dans la plaine.

Quel que soit le mode d'élevage, naturel ou artificiel, les soins sont exactement les mêmes. Au lieu de donner du grain à la poule et de nettoyer son compartiment, on verse chaque matin de l'eau bouillante dans l'éleveuse, voilà toute la différence.

Aussitôt les perdreaux éclos, on les installe dans la boîte à élevage, dont le fond aura été préalablement garni d'une couche assez épaisse de sable bien sec. Il faut toujours éviter de leur laisser les pattes sur un plancher ou sur un sol dur, sur lequel ils marchent avec peine, se fatiguent et finissent souvent par se déformer les doigts. Le sable leur permet aussi de se poudrer, ce qui est un besoin naturel chez tous les oiseaux et chez le perdreau en particulier. On peut employer n'importe quel sable; mais, si l'on est à même de choisir, le sable fin de rivière ou de mer, ou le petit gravier, est préférable au grès pilé, car le gravier joue un rôle important dans les fonctions de la digestion, et, dès les premiers jours, les petits, en se poudrant, en ramassent toujours quelques grains.

Après douze heures d'éclosion, les perdreaux peuvent prendre un premier repas composé de pain rassis émietté, d'un peu de chènevis pilé, d'œuf dur et de laitue hachés fin. Cette pâtée sera déposée sur un billot ou dans une petite augette, et non pas dans une assiette, dans laquelle la nourriture, salie et piétinée, devient, au bout de quelques instants, non seulement peu appétissante, mais indigeste et malsaine.

Dès le troisième jour, les jeunes perdreaux peuvent commencer à manger les œufs de fourmi.

Mais comme il est très difficile de s'en procurer, on les remplacera par le sang conservé en boîte ou l'aliment complet, qui n'est autre qu'un pain à base de sang, additionné de la dose nécessaire de phosphate de chaux.

Évitons surtout de donner des repas trop copieux, afin de pouvoir les renouveler plus souvent et que toute la ration soit toujours complètement absorbée. Toute pâtée qui a séjourné plus de deux heures sur les billots ou dans les augettes sera retirée, pour la basse-cour commune, et remplacée par une portion fraiche.

On placera aussi, deux ou trois fois par jour, au milieu de la boîte d'élevage, une touffe de gazon avec sa motte de terre; les petits y trouveront à la fois de la verdure, quelques insectes et s'exerceront à gratter; à défaut de gazon, on mettra une touffe de petit trèfle blanc ou une botte de mouron blanc. On commence aussi à jeter quelques grains de millet.

Indiquons, avant de poursuivre notre sujet, la manière de préparer la pâtée avec du sang conservé. Ce sang, renfermé dans des boîtes soudées, a l'aspect et la consistance de foie de veau cuit; on le coupe par tranche dans la boîte et on le hache aussi fin que possible en le saupoudrant, au fur et à mesure que l'on hache, avec de la mie de pain rassis très fine, ou simplement de la farine de maïs. Une fois le sang ainsi préparé, on le mélange à la pâtée ordinaire dans la proportion d'un dixième environ.

Inutile d'ajouter que la propreté la plus méticuleuse est absolument de rigueur. Tout le sable de l'éleveuse sera changé chaque matin, et les bacs et augettes subiront le lavage le plus complet.

Aussitôt que les jeunes ont une huitaine de jours, il faut, si le temps est beau et si le sol est sec, leur donner un avant-goût de liberté en les parquant sur un gazon ou sur un jeune taillis. Là, l'exercice les développe, le grand air les fortifie, et, en changeant le parc assez souvent, ils trouvent à discrétion verdure, insectes et vermiceaux. Ce parc se fait au moyen d'une petite cage de grillage que l'on adapte à l'extrémité de la boîte d'élevage. Toutes les cages ou mues, à condition d'avoir une porte pleine pour établir la communication, sont bonnes pour cet usage; mais les cages pliantes, avec partie pleine sont bien préférables, parce qu'elles sont faciles à transporter et qu'elles abritent les jeunes contre le vent et le soleil.

Dans ces conditions, les perdreaux s'élèvent sans difficulté jusqu'à l'âge où ils sont assez forts pour subvenir à leurs besoins et voler de leurs propres ailes, c'est le cas d'employer cette locution consacrée; si les jeunes élèves doivent repeupler la chasse sur laquelle ils sont nés on peut, dès l'âge de trois semaines, les placer avec leur mère naturelle ou artificielle sur le bord d'un bois ou d'une pièce de récolte, dans la boîte d'élevage, autour de laquelle ils ont libre parcours et on les enferme seulement pour la nuit. Dès qu'ils se sentent assez sûrs de leurs ailes, ils savent bien d'eux-mêmes prendre du champ et ne plus revenir à l'abri du soir. Alors ils sont effectivement transformés en gibier et il n'y a plus à s'en occuper. Si les perdreaux sont destinés à vivre en volière, pour être lâchés seulement après la fermeture de la chasse, il faut, dès l'âge d'un mois, agrandir leur parcours et les placer dans les parquets où ils devront passer l'année. On supprime alors petit à petit la pâtée au sang conservé, et l'on ne donne plus comme nourriture que du millet, du chènevis, du sarrazin, du petit blé et la plus grande quantité possible de salade, de chou et de verdure. Pour les maintenir en bonne santé, le maximum du confortable serait de les placer sur un jeune taillis, dans un parquet mobile que l'on changerait de place toutes les semaines. Ils vivraient aussi bien qu'en liberté.

# RECOMMANDÉ.

---

| | |
|---|---|
| Pour la nourriture des chiens. | La viande de cheval conservée en boîtes. |
| Pour le dressage. | Tous les ustensiles de dressage servant aux leçons. |
| Pour l'élevage des faisandeaux et perdreaux sans œufs de fourmis. | Le sang de bœuf cuit, conservé en boîtes. |
| Pour l'incubation et l'élevage. | Les couveuses et les éleveuses Voitellier. |
| Pour tous renseignements sur l'élevage des volailles et du gibier. | Le traité : *L'incubation artificielle et la basse-cour*, édité chez Firmin-Didot. |
| Pour excellents chiens de service bien dressés et garantis. | Le chenil de l'Aviculteur à Mantes, où l'on peut voir et essayer les chiens. |
| Pour dressage au rapport parfait et à l'aplatissement des chiens jeunes ou adultes. | Le chenil de l'Aviculteur à Mantes. |
| Pour construction de volières et de faisanderies. | Le grillage à simple torsion. |
| Pour bon lait pur et sain. | Les vaches bretonnes des prairies de Mantes. |
| Pour tous renseignements de sport, d'aviculture, de chasse, de chiens, de volailles, d'œufs, d'offres et d'échanges. | Le journal hebdomadaire illustré, l'*Aviculteur*, 12 fr. par an. Bureaux, 4, place du Théâtre-Français, à Paris. |

**Pour le tout s'adresser**

4, *place du Théâtre-Français, Paris.*

www.ingramcontent.com/pod-product-compliance
Ingram Content Group UK Ltd.
Pitfield, Milton Keynes, MK11 3LW, UK
UKHW020146200726
13856UKWH00003B/876